조리능력 향상의 길잡이

한식조리
죽

한혜영·성기협·안정화·임재창 공저

ⓑ (주)백산출판사

머리말

과학기술의 발달은 사회 변동을 촉진하고 그 결과 사회는 점점 빠르게 변화되고 있다.

사회가 발달하고 경제상황이 좋아짐에 따라 식생활문화는 풍요로워졌고, 음식문화에 대한 인식변화를 가져오게 되었다.

음식은 단순한 영양섭취 목적보다는 건강을 지키고 오감을 만족시켜 행복지수를 높이며, 음식커뮤니케이션의 기능과 함께 오락기능을 더하고 있다.

이에 전문 조리사는 다양한 직업으로 분업화·세분화되어 활동하게 되는데, 그 인기도는 조리 전문 방송 프로그램이 많아진 것을 보면 쉽게 알 수 있다.

현재 우리나라는 국가직무능력표준(NCS: national competency standards)을 개발하여 산업현장에서 직무를 수행하기 위해 요구되는 지식, 기술을 국가적 차원에서 표준화하고 있다.

이 책은 조리의 기초적인 부분부터 조리사가 알아야 하는 전반적인 내용을 담고 있어 산업현장에 적합한 인적자원 양성에 도움이 되는 전문서가 될 것으로 생각하며, 조리능력 향상에 길잡이가 될 것으로 믿는다.

왜냐하면 특급호텔인 롯데와 인터컨티넨탈에서 15년간의 현장 경험과 15년의 교육 경력을 바탕으로 정확한 레시피와 자세한 설명을 곁들여 정리하였기 때문이다.

조리학문 발전을 위해 노력하신 많은 선배님들께 감사드리며, 늘 배려를 아끼지 않으시는 백산출판사 사장님 이하 직원분들께 머리 숙여 깊은 감사를 드린다.

조리인이여~

넓은 세상을 보고 많은 꿈을 꾸며, 희망을 가지고 남다른 노력을 한다면, 소망과 꿈은 이루어지리라.

대표저자 **한혜영**

CONTENTS

○ 한식조리기능사 실기 품목

NCS – 학습모듈의 위치

대분류	음식서비스
중분류	식음료조리·서비스
소분류	음식조리

한식 죽 조리 학습모듈의 개요

학습모듈의 목표

곡류 단독으로 또는 곡류와 견과류, 채소류, 육류, 어패류 등을 함께 섞어 물을 붓고 불의 강약을 조절하여 호화되게 조리할 수 있다.

선수학습

조리원리, 식품재료학, 식품학, 조리과학

학습모듈의 내용체계

학습	학습내용	NCS 능력단위요소	
		코드번호	요소명칭
1. 죽 재료 준비하기	1-1. 죽 재료 준비	1301010122_16v3.1	죽 재료 준비하기
2. 죽 조리하기	2-1. 조리 시간과 방법조절	1301010122_16v3.2	죽 조리하기
	2-2. 죽의 종류에 따라 물의 양 가감		
	2-3. 죽 가열시간 조절		
3. 죽 담기	3-1. 그릇 선택과 죽 담기	1301010122_16v3.3	죽 담기
	3-2. 고명 만들기		

핵심 용어

쌀, 잡곡, 부재료, 계량, 불리기, 분쇄, 가열, 호화, 고명

분류번호	1301010122_16v3
능력단위 명칭	한식 죽 조리
능력단위 정의	한식 죽 조리는 곡류 단독으로 또는 곡류와 견과류, 채소류, 육류, 어패류 등을 함께 섞어 물을 붓고 불의 강약을 조절하여 호화되게 조리하는 능력이다.

능력단위요소	수행준거
1301010122_16v3.1 죽 재료 준비하기	1.1 사용할 도구를 선택하고 준비할 수 있다. 1.2 쌀 등 곡류와 부재료를 필요량에 맞게 계량할 수 있다. 1.3 곡류를 용도에 맞게 불리기를 할 수 있다. 1.4 조리법에 따라서 쌀 등 재료를 갈거나 분쇄할 수 있다. 1.5 부재료는 조리법에 맞게 손질할 수 있다.
	【지식】 • 곡류의 종류와 특성 • 도구의 종류와 용도 • 죽 종류 • 재료 전처리 • 전분의 호화상태 판별 • 재료 선별법
	【기술】 • 곡류의 종류에 따른 수침시간 조절능력 • 조리 종류에 따른 입자별 곡류 분쇄 능력 • 재료 보관능력 • 재료 전처리능력 • 쌀 등의 곡류 선별 능력
	【태도】 • 바른 작업 태도 • 반복훈련태도 • 안전사항 준수태도 • 위생관리태도 • 식재료품질 점검태도
1301010122_16v3.2 죽 조리하기	2.1 죽의 종류와 형태에 따라 조리시간과 방법을 조절할 수 있다. 2.2 조리도구, 조리법, 쌀과 잡곡의 재료특성에 따라 물의 양을 가감할 수 있다. 2.3 조리도구와 조리법, 재료특성에 따라 화력과 가열시간을 조절할 수 있다.

1301010122_16v3.2 죽 조리하기	**【지식】** • 가열시간과 화력의 조절 • 죽 조리기물 특성 • 죽의 종류에 따른 조리법 • 조리과정 중 일어나는 물리화학적 변화에 관한 조리과학적 지식 • 전분의 호화특성에 따른 물의 비율
	【기술】 • 부재료를 첨가하여 볶는 기술 • 화력의 조절능력 • 재료의 특성과 상태에 따른 조리 조절능력 • 저장·보관·썰기 능력 • 재료의 특성에 따라 갈거나 썰기 능력 • 죽 호화정도 조절 및 간을 맞추는 능력 • 죽 고유의 맛을 내는 능력
	【태도】 • 바른 작업태도 • 조리과정을 관찰하는 태도 • 실험조리를 수행하는 과학적 태도 • 위생관리태도 • 조리도구 정리태도 • 조리도구 청결관리태도 • 기구 안전관리태도
1301010122_16v3.3 죽 담기	3.1 조리종류와 색, 형태, 인원수, 분량 등을 고려하여 그릇을 선택할 수 있다. 3.2 죽을 따뜻하게 담아 낼 수 있다. 3.3 조리종류에 따라 고명을 올릴 수 있다.
	【지식】 • 고명의 종류 • 그릇의 종류 • 조리종류 따른 그릇 선택
	【기술】 • 그릇과의 조화를 고려하여 담는 능력 • 고명을 얹어내는 능력 • 조리에 맞는 그릇 선택 능력
	【태도】 • 관찰태도 • 바른 작업 태도 • 안전관리태도 • 위생관리태도 • 반복훈련태도

적용범위 및 작업상황

고려사항

- 한식 죽 조리 능력단위는 다음 범위가 포함된다.
  - 죽류 : 장국죽, 호박죽, 닭죽, 전복죽, 녹두죽, 팥죽, 콩죽, 아욱죽, 방풍죽, 잣죽, 채소죽, 깨죽, 흑임자죽 등
- 죽 조리하기 : 부재료를 볶거나 첨가하여 죽을 끓일 수 있다.
- 호화란 전분에 물을 넣고 가열하면 팽윤하고 점성도가 증가하여 전체가 반투명인 거의 균일한 콜로이드 물질이 되는 현상(예. 쌀에 물을 붓고 가열하여 밥과 죽이 되는 현상)
- 전처리란 마른 재료의 경우 불리거나 데치거나 삶아서 다듬는 것을 말하고, 해산물일 경우 소금물에 담가 해감하고, 육류일 경우 지방과 힘줄을 제거하고 키친타월이나 면보에 핏물을 제거하는 것을 말하며, 채소일 경우 다듬고 씻어서 써는 것을 말한다.

자료 및 관련 서류

- 한식조리 전문서적
- 조리원리 전문서적, 관련자료
- 식품재료 관련 전문서적
- 식품재료의 원가, 구매, 저장 관련서적
- 안전관리수칙 서적
- 매뉴얼에 의한 조리과정, 조리결과 체크리스트
- 식자재 구매 명세서

- 조리도구 관련서적
- 식품영양 관련서적
- 식품가공 관련서적
- 식품위생법규 전문서적
- 원산지 확인서
- 조리도구 관리 체크리스트

장비 및 도구

- 조리용 칼, 도마, 냄비, 죽 그릇, 국자, 믹서 , 그릇, 계량컵, 계량스푼, 계량저울, 체, 타이머 등
- 가스레인지, 전기레인지 또는 가열도구
- 조리복, 조리모, 앞치마, 조리안전화, 행주, 분리수거용 봉투 등

재료

- 쌀, 잡곡류 등
- 육류, 해물, 채소, 견과류 등
- 장류, 양념류 등

평가지침

| 평가방법

• 평가자는 능력단위 한식 죽 조리의 수행준거에 제시되어 있는 내용을 평가하기 위해 이론과 실기를 나누어 평가하거나 종합적인 결과물의 평가 등 다양한 평가방법을 사용할 수 있다.

• 피평가자의 과정평가 및 결과평가 방법

평가방법	평가유형	
	과정평가	결과평가
A. 포트폴리오	V	V
B. 문제해결 시나리오		
C. 서술형시험	V	V
D. 논술형시험		
E. 사례연구		
F. 평가자 질문	V	V
G. 평가자 체크리스트	V	V
H. 피평가자 체크리스트		
I. 일지/저널		
J. 역할연기		
K. 구두발표		
L. 작업장평가	V	V
M. 기타		

평가 시 고려사항

· 수행준거에 제시되어 있는 내용을 성공적으로 수행할 수 있는지를 평가해야 한다.
· 평가자는 다음 사항을 평가해야 한다.
  - 조리복, 조리모 착용 및 개인 위생 준수능력
  - 위생적인 조리과정
  - 식재료 선별 능력
  - 식재료 전처리, 준비 과정
  - 재료의 특성과 상태에 따라 물의 양을 가감할 수 있는 능력
  - 죽의 호화조절 능력
  - 화력조절 능력
  - 조리기구류의 안전한 취급 능력
  - 조리도구의 사용 전, 후 세척
  - 조리 후 정리정돈 능력

직업기초능력

순번	직업기초능력	
	주요영역	하위영역
1	의사소통능력	경청 능력, 기초외국어 능력, 문서이해 능력, 문서작성 능력, 의사표현 능력
2	문제해결능력	문제처리 능력, 사고력
3	자기개발능력	경력개발 능력, 자기관리 능력, 자아인식 능력
4	정보능력	정보처리 능력, 컴퓨터활용 능력
5	기술능력	기술선택 능력, 기술이해 능력, 기술적용 능력
6	직업윤리	공동체윤리, 근로윤리

구분		내용
직무명칭(능력단위명)		한식조리(한식 죽 조리)
분류번호	기존	1301010102_14v2
	현재	1301010121_16v3,1301010122_16v3
개발·개선연도	현재	2016
	최초(1차)	2014
버전번호		v3
개발·개선기관	현재	(사)한국조리기능장협회
	최초(1차)	
향후 보완 연도(예정)		–

한식조리 죽

이론
&
실기

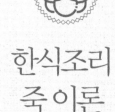

한식조리
죽이론

◆ 죽

죽의 유래

죽은 곡물로 만든 음식 가운데 가장 오래된 음식이다. 농경문화가 시작되면서 곡물과 토기를 생산하면서 토기에 물을 넣고 곡물과 함께 가열하여 최초의 죽을 만들었다. 죽은 밥보다 먼저 시작되었으며 종류가 다양하다.

조선시대에는 아침에 밥 대신 죽을 먹는 문화가 발달했다. 죽은 대용 주식, 별미식, 보양식, 치료식, 환자식, 구황식, 음료 등의 역할을 두루 담당했던 것이다. 하지만 그 밖에 민속식으로서의 죽도 있었다.

《동국세시기》에는 정월과 복날 및 동짓날 시식에 적두죽(팥죽)이 기록되었다. 팥죽이 풍속음식으로 정착된 것에 대한 문헌적 출현은 고려시대에 이미 등장하였다. 집안의 나쁜 액을 풀어서 잡귀를 물리치기 위한 주물(呪物)이 팥죽이었던 것이다.

밥 짓기와 마찬가지로 돌솥에 쑤는 죽을 가장 맛있는 죽으로 여겼던 조선시대에는 일찍이 죽 조리법을 터득한 것으로 보인다.

조선시대의 《청장관전서(1795)》에는 "서울의 시녀들의 죽 파는 소리가 개 부르는 듯하다"라는 말이 나온다. 이로써 조선시대에는 죽이 매우 보편화된 음식이었다는 것을 알 수 있다.

《임원십육지》에는 "매일 아침에 일어나서 죽 한 사발을 먹으면 배가 비어 있고 위가 허한데 곡기가 들어가서 보(補)의 효과가 있다. 또 매우 부드럽고 매끄러워서 위장에 좋다. 이것은 음식의 최묘결(最妙訣)이다"라고 하였다. 이와 같이 아침의 대용 주식으로서 죽의 효능을 설명하였다.

또한 어른께서 이른 아침에 시장기를 면하시라고 올리는 죽상을 자릿조반 또는 조조반이라 하였다.

죽에 어울리는 마른 찬으로는 육포, 북어무침, 매듭자반, 장똑똑이, 장산적 등이 있다.

죽 끓이기

죽이란 곡물에 5~10배 정도의 물을 붓고 오랫동안 끓여 완전히 호화시킨 음식으로 반유동식이다. 곡식을 불려 낟알이나 가루에 물을 많이 붓고 오래 끓여서 완전히 호화시킨 것이고, 다른 재료들을 혼합하여 끓이기도 한다.

죽은 물의 pH농도가 pH 7~8일 때 죽 맛과 외관이 좋고 산성이 높을수록 죽 맛이 나빠지며, 수확한 시일이 오래되었거나 수분을 흡수한 것을 사용하면 맛이 좋지 않다. 조리도구는 열전도가 작고 열용량이 큰 무쇠나 돌로 만든 것이 좋다.

죽의 종류

죽은 상태에 따라 죽, 미음, 응이로 나눌 수 있고, 미음은 곡식을 푹 고아서 체에 거른 것이며, 응이는 곡물을 갈아 가라앉은 전분을 말려 두었다가 물에 풀어 쑨 고운 죽이다.

죽보다는 미음이, 미음보다는 응이가 더 묽다.

《재물보(1807)》에서는 "죽지궤숙자미음"이라 하였다. 흰죽은 쌀을 불려 잘게 갈아 부셔서 끓이거나 그대로 끓이는 데 비하여 미음은 쌀을 껍질만 남을 정도로 충분히 고아서 체에 밭친 것이다.

《규합총서》에는 해삼, 홍합, 소고기, 찹쌀로 만든 삼합미음이 설명되어 있고, 《군학회등》에서는 미음 제품이라 하여 율미, 멥쌀, 찹쌀, 청양미, 녹두, 고맥, 대추 등의 미음을 들고 있다.

죽은 쌀의 전처리 방법에 따라 통쌀로 쑤는 옹근죽과 굵게 갈아서 쑤는 원미죽, 곱게 갈아서 쑤는 무리죽으로 나눌 수 있다.

의이란 본디 율무를 가리키는 말이다. 《증보산림경제》, 《규합총서》, 《옹희잡지》 등에 의이죽 만들기가 설명되어 있다. 율무의 껍질을 벗기고 물에 담가 불려 맷돌에 갈아서 앙금을 안치고 이 앙금을 말려 두었다가 이것으로 죽을 끓이니 의이죽이다. 그런데 언제부터인가 율무와 아무 관계없이 어떤 곡물이든 갈아서 앙금을 얻어 이것으로 쑨 죽을 통틀어 의이라 부르게 되었다.

이것은 《아언각비》에서도 지적하고 있으며, 《성호사설》에서도 의이란 본디 곡물의 이름인데 죽이름의 하나로 의이를 들고 있는 것은 잘못이라 지적하였다.

《시의전서》에는 소주원미(燒酒元米), 장탕원미(醬湯元米)는 곡물을 굵게 동강나게 갈아서 쑨 죽이라고 하였다.

죽은 곡물뿐 아니라 부재료로 채소, 육류, 어패류, 견과류, 종실류 등을 넣는다. 죽은 재료에 따라 다음과 같이 분류해 볼 수 있다.

- 곡물류 죽 : 흰죽, 양원죽, 콩죽, 팥죽, 녹두죽, 흑임자죽, 보리죽, 조죽, 율무죽, 암죽, 들깨죽, 우유죽 등
- 견과류 죽 : 잣죽, 밤죽, 낙화생죽, 호두죽, 은행죽, 도토리죽
- 채소류 죽 : 아욱죽, 근대죽, 김치죽, 애호박죽, 무죽, 호박죽, 죽순죽, 콩나물죽, 버섯죽, 차조기죽, 방풍죽, 미역죽, 시래기죽, 부추죽 등
- 육류 죽 : 소고기죽, 장국죽, 닭죽, 양죽 등
- 어패류 죽 : 어죽, 전복죽, 옥돔죽, 북어죽, 게살죽, 낙지죽, 문어죽, 홍합죽, 대합죽, 바지락죽, 생굴죽 등
- 약리성 재료 죽 : 갈분죽, 강분죽, 복령죽, 문동죽, 산약죽, 송엽죽, 송파죽, 연자죽, 인삼대추죽, 죽엽죽, 차잎죽, 행인죽 등

고문헌에 나타난 죽류

- 규합총서(1815) – 삼합미음, 의이죽
- 도문대작(1611) – 방풍죽
- 동의보감(1613) – 구선왕도고의이
- 산림경제(1715) – 연자죽, 해송자죽(잣죽), 청태죽, 박죽, 아욱죽, 보리죽, 병아리죽, 소양죽, 붕어죽, 석화죽(굴죽), 연뿌리죽, 방풍죽, 가시연밥알맹이죽, 마름죽, 칡뿌리녹말죽, 황률죽, 전복죽, 홍합죽, 소고기죽
- 시의전서(1800년대 말) – 흑임자죽, 잣죽, 개암죽, 행인죽, 호두죽, 장국죽, 갈분응이, 장국원미, 소주원미, 삼합(해삼, 홍합, 소고기)미음
- 역주방문(1800년대 중반) – 백자죽, 삼미죽
- 영접도감의궤(1609) – 타락죽

- 영접도감의궤(1643) – 의이죽
- 옹희잡지(1800) – 의이죽
- 원행을묘정리의궤(1795) – 백미죽, 팥물죽, 백자죽, 백감죽, 두죽(팥죽), 대조미음, 백미음, 백미미음, 추모미음, 황량미음, 청량미음, 사합미음
- 윤씨음식법(1854) – 팥죽
- 임원십육지(1825~1827) – 무죽, 당근죽, 쇠비름죽, 근대죽, 시금치죽, 냉이죽, 미나리죽, 아욱죽
- 증보산림경제(1766) – 의이죽

죽의 영양 및 효능

죽의 열량은 밥의 1/3에서 1/4 수준이다. 팥죽은 산모의 젖을 많이 나오게 하고 해독 작용이 있으며 체내 알코올 배출을 도와 숙취 완화에 좋으므로 위장을 다스리는 데 이용하였다.

죽의 재료로 찹쌀은 멥쌀보다 소화가 잘되어 위장병이 생겼거나, 아프거나 할 때 주로 사용하였다.

참고문헌

• 3대가 쓴 한국의 전통음식(황혜선 외, 교문사, 2010)

• 식품재료학(홍진숙 외, 교문사, 2005)

• 식품재료학(홍태희 외, 지구문화사, 2011)

• 아름다운 한국음식 300선((사)한국전통음식연구소, 질시루, 2008)

• 우리가 정말 알아야 할 우리 음식 백가지(한복진, 현암사, 1998)

• 우리생활100년(한복진, 현암사, 2001)

• 조선시대의 음식문화(김상보, 가람기획, 2006)

• 천년한식 견문록(정혜경, 생각의나무, 2009)

• 최신 조리원리(정상열 외, 백산출판사, 2013)

• 한국음식문화와 콘텐츠(한복진 외, 글누림, 2009)

• 한국의 음식문화(이효지, 신광출판사, 1998)

• 한혜영의 한국음식(한혜영, 효일, 2013

Memo

팥죽

재료

- 멥팥 1/2컵
- 물 6컵
- 불린 멥쌀 1/2컵
- 소금 1/2작은술
- 젖은 찹쌀가루(방앗간용) 1컵
- 끓는 물 2큰술

만드는 법

재료 확인하기
1 쌀의 품질 확인하기
2 쌀에 섞여 있는 이물질 확인하여 선별하기
3 팥, 멥쌀, 찹쌀가루 등의 품질 확인하기

사용할 도구 선택하기
4 냄비, 주걱, 블렌더 등을 선택하여 준비한다.

재료 계량하기
5 각각의 재료 분량을 컵과 계량스푼, 저울로 계량하기
6 물을 계량한다.

죽의 재료 세척하기
7 쌀은 맑은 물이 나올 때까지 세척한다.

죽 재료 준비하기
8 세척한 쌀은 실온에서 2시간 불린다.

조리하기
9 팥은 씻어 일어 물 1컵을 넣고 끓으면 물을 따라 버리고 물 5컵을 넣어 무르도록 삶는다. 푹 삶아진 팥은 으깨어 고운체에 거르거나 블렌더에 갈아 체에 거른다.
10 냄비에 불린 멥쌀, 팥 웃물을 넣어 주걱으로 저으면서 끓인다.
11 찹쌀가루는 끓는 물과 소금을 약간 넣고 익반죽하여 새알모양으로 옹심이를 만든다.
12 쌀알이 퍼지면 팥앙금을 넣고 저으면서 끓인다.
13 옹심이를 넣어 떠오르면 소금으로 간을 한다.

죽 담아 완성하기
14 팥죽의 그릇을 선택한다.
15 그릇에 보기 좋게 팥죽을 담는다.

평가자 체크리스트

학습내용	평가 항목	성취수준		
		상	중	하
죽 재료 준비	사용할 도구를 준비하는 능력			
	죽 재료를 준비하는 능력			
	죽 재료의 품질을 확인하는 능력			
조리시간과 방법	죽 맛에 영향을 미치는 것을 검토하는 능력			
죽의 종류에 따라 물의 양 조절	죽 재료를 손질하는 능력			
가열시간 조절	죽의 종류에 따라 가열하는 시간을 관리하는 능력			
그릇 선택과 죽 담기	조리종류와 색, 형태, 인원수, 분량 등을 고려하여 그릇을 선택하는 능력			
고명 올리기	조리 종류에 따라 고명을 올리는 능력			

포트폴리오

학습내용	평가 항목	성취수준		
		상	중	하
죽 재료 준비	죽 재료를 계량하는 능력			
	부재료를 세척하는 능력			
	죽 재료를 손질하는 능력			
조리시간과 방법	죽 재료를 세척하는 능력			
죽의 종류에 따라 물의 양 조절	죽 재료를 불리는 능력			
가열시간 조절	죽을 조리하고 완성하는 능력			
그릇 선택과 죽 담기	그릇의 크기와 종류에 따라 그릇을 관리하는 방법			
고명 올리기	조리의 종류별로 고명의 준비량을 판단하는 능력			

작업장 평가

학습내용	평가 항목	성취수준		
		상	중	하
죽 재료 준비	쌀과 잡곡을 필요량에 맞게 계량하는 능력			
	쌀과 잡곡을 씻고 용도에 맞게 불리는 능력			
	부재료를 조리 방법에 맞게 손질하는 능력			
조리시간과 방법	죽 재료를 계량하고 준비하는 능력			
죽의 종류에 따라 물의 양 조절	죽 종류별 가열 시 물 양을 확인하는 능력			
가열시간 조절	죽 조리 시 전분의 호화 및 익힘 정도를 체크하는 능력			
그릇 선택과 죽 담기	죽의 종류에 따라 인원수, 분량 등을 고려하여 알맞게 담는 능력			
고명 올리기	조리의 종류에 맞게 고명을 만드는 능력			

학습자 완성품 사진

녹두죽

재료

- 통녹두 1/2컵(75g)
- 멥쌀(30분 불린 멥쌀) 40g(100g)
- 물 5컵
- 소금 소량

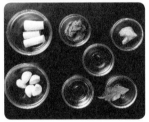

만드는 법

재료 확인하기
1 쌀, 녹두의 품질 확인하기
2 쌀, 녹두에 섞여 있는 이물질 확인하여 선별하기

사용할 도구 선택하기
3 냄비, 주걱, 블렌더 등을 선택하여 준비한다.

재료 계량하기
4 각각의 재료 분량을 컵과 계량스푼, 저울로 계량하기
5 물을 계량한다.

죽의 재료 세척하기
6 쌀은 맑은 물이 나올 때까지 세척한다.

죽 재료 불리기
7 세척한 쌀은 실온에서 2시간 불린다.

조리하기
8 녹두는 씻어 일어 물 5컵을 넣어 무르도록 삶는다. 푹 삶아진 녹두는 으깨어 고운체에 거르거나 블렌더에 갈아 체에 거른다.
9 불린 멥쌀은 곱게 갈아 체에 내려둔다.
10 냄비에 멥쌀 갈아내린 것과 녹두 웃물을 넣어 주걱으로 저으면서 끓인다.
11 쌀이 잘 익으면 녹두앙금을 넣어 저으면서 끓인다.
12 죽에 소금을 넣어 간을 한다.

죽 담아 완성하기
13 녹두죽의 그릇을 선택한다.
14 그릇에 보기 좋게 녹두죽을 담는다.

평가자 체크리스트

학습내용	평가 항목	성취수준		
		상	중	하
죽 재료 준비	사용할 도구를 준비하는 능력			
	죽 재료를 준비하는 능력			
	죽 재료의 품질을 확인하는 능력			
조리시간과 방법	죽 맛에 영향을 미치는 것을 검토하는 능력			
죽의 종류에 따라 물의 양 조절	죽 재료를 손질하는 능력			
가열시간 조절	죽의 종류에 따라 가열하는 시간을 관리하는 능력			
그릇 선택과 죽 담기	조리종류와 색, 형태, 인원수, 분량 등을 고려하여 그릇을 선택하는 능력			
고명 올리기	조리 종류에 따라 고명을 올리는 능력			

포트폴리오

학습내용	평가 항목	성취수준		
		상	중	하
죽 재료 준비	죽 재료를 계량하는 능력			
	부재료를 세척하는 능력			
	죽 재료를 손질하는 능력			
조리시간과 방법	죽 재료를 세척하는 능력			
죽의 종류에 따라 물의 양 조절	죽 재료를 불리는 능력			
가열시간 조절	죽을 조리하고 완성하는 능력			
그릇 선택과 죽 담기	그릇의 크기와 종류에 따라 그릇을 관리하는 방법			
고명 올리기	조리의 종류별로 고명의 준비량을 판단하는 능력			

작업장 평가

학습내용	평가 항목	성취수준		
		상	중	하
죽 재료 준비	쌀과 잡곡을 필요량에 맞게 계량하는 능력			
	쌀과 잡곡을 씻고 용도에 맞게 불리는 능력			
	부재료를 조리 방법에 맞게 손질하는 능력			
조리시간과 방법	죽 재료를 계량하고 준비하는 능력			
죽의 종류에 따라 물의 양 조절	죽 종류별 가열 시 물 양을 확인하는 능력			
가열시간 조절	죽 조리 시 전분의 호화 및 익힘 정도를 체크하는 능력			
그릇 선택과 죽 담기	죽의 종류에 따라 인원수, 분량 등을 고려하여 알맞게 담는 능력			
고명 올리기	조리의 종류에 맞게 고명을 만드는 능력			

학습자 완성품 사진

행인죽

- 행인(살구씨) 2큰술
- 불린 멥쌀 1/2컵
- 물 5컵
- 소금 약간

재료 확인하기

1 쌀, 행인(살구씨)의 품질 확인하기
2 쌀, 행인(살구씨)에 섞여 있는 이물질 확인하여 선별하기

사용할 도구 선택하기

3 냄비, 주걱, 블렌더 등을 선택하여 준비한다.

재료 계량하기

4 각각의 재료 분량을 컵과 계량스푼, 저울로 계량하기
5 물을 계량한다.

죽의 재료 세척하기

6 쌀은 맑은 물이 나올 때까지 세척한다.

죽 재료 불리기

7 세척한 쌀은 실온에서 2시간 불린다.

조리하기

8 불린 쌀, 행인(살구씨)을 블렌더에 갈아 체에 거른다.
9 냄비에 준비된 재료를 넣어 주걱으로 저으면서 끓인다.
10 죽에 소금을 넣어 간을 한다.
＊ 설탕, 꿀을 곁들여 먹어도 좋다.

죽 담아 완성하기

11 행인죽의 그릇을 선택한다.
12 그릇에 보기 좋게 행인죽을 담는다.

학습 평가

| 평가자 체크리스트

학습내용	평가 항목	성취수준		
		상	중	하
죽 재료 준비	사용할 도구를 준비하는 능력			
	죽 재료를 준비하는 능력			
	죽 재료의 품질을 확인하는 능력			
조리시간과 방법	죽 맛에 영향을 미치는 것을 검토하는 능력			
죽의 종류에 따라 물의 양 조절	죽 재료를 손질하는 능력			
가열시간 조절	죽의 종류에 따라 가열하는 시간을 관리하는 능력			
그릇 선택과 죽 담기	조리종류와 색, 형태, 인원수, 분량 등을 고려하여 그릇을 선택하는 능력			
고명 올리기	조리 종류에 따라 고명을 올리는 능력			

| 포트폴리오

학습내용	평가 항목	성취수준		
		상	중	하
죽 재료 준비	죽 재료를 계량하는 능력			
	부재료를 세척하는 능력			
	죽 재료를 손질하는 능력			
조리시간과 방법	죽 재료를 세척하는 능력			
죽의 종류에 따라 물의 양 조절	죽 재료를 불리는 능력			
가열시간 조절	죽을 조리하고 완성하는 능력			
그릇 선택과 죽 담기	그릇의 크기와 종류에 따라 그릇을 관리하는 방법			
고명 올리기	조리의 종류별로 고명의 준비량을 판단하는 능력			

작업장 평가

학습내용	평가 항목	성취수준		
		상	중	하
죽 재료 준비	쌀과 잡곡을 필요량에 맞게 계량하는 능력			
	쌀과 잡곡을 씻고 용도에 맞게 불리는 능력			
	부재료를 조리 방법에 맞게 손질하는 능력			
조리시간과 방법	죽 재료를 계량하고 준비하는 능력			
죽의 종류에 따라 물의 양 조절	죽 종류별 가열 시 물 양을 확인하는 능력			
가열시간 조절	죽 조리 시 전분의 호화 및 익힘 정도를 체크하는 능력			
그릇 선택과 죽 담기	죽의 종류에 따라 인원수, 분량 등을 고려하여 알맞게 담는 능력			
고명 올리기	조리의 종류에 맞게 고명을 만드는 능력			

학습자 완성품 사진

잣죽

재료

- 멥쌀 1컵
- 잣 50g
- 물 5컵
- 소금 1/2작은술

만드는 법

재료 확인하기
1 쌀, 잣의 품질 확인하기
2 쌀, 잣에 섞여 있는 이물질 확인하여 선별하기

사용할 도구 선택하기
3 냄비, 주걱, 블렌더 등을 선택하여 준비한다.

재료 계량하기
4 각각의 재료 분량을 컵과 계량스푼, 저울로 계량하기
5 물을 계량한다.

죽의 재료 세척하기
6 쌀은 맑은 물이 나올 때까지 세척한다.

죽 재료 불리기
7 세척한 쌀은 실온에서 2시간 불린다.

조리하기
8 불린 쌀은 물 2컵을 넣어 곱게 갈아 고운체에 거르고, 물 2컵을 넣어 섞는다.
9 잣은 물 1컵과 블렌더에 갈아 체에 거른다.
10 냄비에 멥쌀 간 것을 넣어 나무주걱으로 저으면서 끓이고, 끓어오르면 잣 갈아 놓은 것을 넣어 멍울이 지지 않도록 저으면서 끓인다.
11 소금으로 간을 한다.

죽 담아 완성하기
12 잣죽의 그릇을 선택한다.
13 그릇에 보기 좋게 잣죽을 담는다. 잣으로 고명을 한다.

학습 평가

| 평가자 체크리스트

학습내용	평가 항목	성취수준		
		상	중	하
죽 재료 준비	사용할 도구를 준비하는 능력			
	죽 재료를 준비하는 능력			
	죽 재료의 품질을 확인하는 능력			
조리시간과 방법	죽 맛에 영향을 미치는 것을 검토하는 능력			
죽의 종류에 따라 물의 양 조절	죽 재료를 손질하는 능력			
가열시간 조절	죽의 종류에 따라 가열하는 시간을 관리하는 능력			
그릇 선택과 죽 담기	조리종류와 색, 형태, 인원수, 분량 등을 고려하여 그릇을 선택하는 능력			
고명 올리기	조리 종류에 따라 고명을 올리는 능력			

| 포트폴리오

학습내용	평가 항목	성취수준		
		상	중	하
죽 재료 준비	죽 재료를 계량하는 능력			
	부재료를 세척하는 능력			
	죽 재료를 손질하는 능력			
조리시간과 방법	죽 재료를 세척하는 능력			
죽의 종류에 따라 물의 양 조절	죽 재료를 불리는 능력			
가열시간 조절	죽을 조리하고 완성하는 능력			
그릇 선택과 죽 담기	그릇의 크기와 종류에 따라 그릇을 관리하는 방법			
고명 올리기	조리의 종류별로 고명의 준비량을 판단하는 능력			

작업장 평가

학습내용	평가 항목	성취수준		
		상	중	하
죽 재료 준비	쌀과 잡곡을 필요량에 맞게 계량하는 능력			
	쌀과 잡곡을 씻고 용도에 맞게 불리는 능력			
	부재료를 조리 방법에 맞게 손질하는 능력			
조리시간과 방법	죽 재료를 계량하고 준비하는 능력			
죽의 종류에 따라 물의 양 조절	죽 종류별 가열 시 물 양을 확인하는 능력			
가열시간 조절	죽 조리 시 전분의 호화 및 익힘 정도를 체크하는 능력			
그릇 선택과 죽 담기	죽의 종류에 따라 인원수, 분량 등을 고려하여 알맞게 담는 능력			
고명 올리기	조리의 종류에 맞게 고명을 만드는 능력			

학습자 완성품 사진

밤죽

재료

· 깐 밤 100g
· 불린 멥쌀 1/2컵
· 물 3컵
· 소금 약간

만드는 법

재료 확인하기

1 쌀, 밤의 품질 확인하기
2 쌀, 밤에 섞여 있는 이물질 확인하여 선별하기

사용할 도구 선택하기

3 냄비, 주걱, 블렌더 등을 선택하여 준비한다.

재료 계량하기

4 각각의 재료 분량을 컵과 계량스푼, 저울로 계량하기
5 물을 계량한다.

죽의 재료 세척하기

6 쌀은 맑은 물이 나올 때까지 세척한다.

죽 재료 불리기

7 세척한 쌀은 실온에서 2시간 불린다.

조리하기

8 불린 멥쌀, 밤, 물을 블렌더에 넣고 곱게 갈아 고운체에 거른다.
9 냄비에 재료를 넣어 죽을 쑨다.
10 소금으로 간을 한다.

죽 담아 완성하기

11 밤죽의 그릇을 선택한다.
12 그릇에 보기 좋게 밤죽을 담는다.

| 평가자 체크리스트

학습내용	평가 항목	성취수준		
		상	중	하
죽 재료 준비	사용할 도구를 준비하는 능력			
	죽 재료를 준비하는 능력			
	죽 재료의 품질을 확인하는 능력			
조리시간과 방법	죽 맛에 영향을 미치는 것을 검토하는 능력			
죽의 종류에 따라 물의 양 조절	죽 재료를 손질하는 능력			
가열시간 조절	죽의 종류에 따라 가열하는 시간을 관리하는 능력			
그릇 선택과 죽 담기	조리종류와 색, 형태, 인원수, 분량 등을 고려하여 그릇을 선택하는 능력			
고명 올리기	조리 종류에 따라 고명을 올리는 능력			

| 포트폴리오

학습내용	평가 항목	성취수준		
		상	중	하
죽 재료 준비	죽 재료를 계량하는 능력			
	부재료를 세척하는 능력			
	죽 재료를 손질하는 능력			
조리시간과 방법	죽 재료를 세척하는 능력			
죽의 종류에 따라 물의 양 조절	죽 재료를 불리는 능력			
가열시간 조절	죽을 조리하고 완성하는 능력			
그릇 선택과 죽 담기	그릇의 크기와 종류에 따라 그릇을 관리하는 방법			
고명 올리기	조리의 종류별로 고명의 준비량을 판단하는 능력			

작업장 평가

학습내용	평가 항목	성취수준		
		상	중	하
죽 재료 준비	쌀과 잡곡을 필요량에 맞게 계량하는 능력			
	쌀과 잡곡을 씻고 용도에 맞게 불리는 능력			
	부재료를 조리 방법에 맞게 손질하는 능력			
조리시간과 방법	죽 재료를 계량하고 준비하는 능력			
죽의 종류에 따라 물의 양 조절	죽 종류별 가열 시 물 양을 확인하는 능력			
가열시간 조절	죽 조리 시 전분의 호화 및 익힘 정도를 체크하는 능력			
그릇 선택과 죽 담기	죽의 종류에 따라 인원수, 분량 등을 고려하여 알맞게 담는 능력			
고명 올리기	조리의 종류에 맞게 고명을 만드는 능력			

학습자 완성품 사진

흑임자죽

재료

· 불린 멥쌀 1/2컵
· 흑임자 4큰술
· 물 3½컵
· 소금 1/3작은술
· 설탕 1/3작은술

만드는 법

재료 확인하기
1 쌀, 흑임자의 품질 확인하기
2 쌀, 흑임자에 섞여 있는 이물질 확인하여 선별하기

사용할 도구 선택하기
3 냄비, 주걱, 블렌더 등을 선택하여 준비한다.

재료 계량하기
4 각각의 재료 분량을 컵과 계량스푼, 저울로 계량하기
5 물을 계량한다.

죽의 재료 세척하기
6 쌀은 맑은 물이 나올 때까지 세척한다.

죽 재료 불리기
7 세척한 쌀은 실온에서 2시간 불린다.

조리하기
8 불린 멥쌀은 블렌더에 물 1컵과 곱게 갈아 체에 거른다.
9 흑임자는 깨끗하게 씻은 뒤 일어서 물 1컵을 넣고 블렌더에 곱게 갈아 체에 거른다.
10 냄비에 쌀 간 것과 물 1½컵을 넣고 저으면서 끓인다.
11 쌀알이 완전히 퍼지면 흑임자 갈아 놓은 것을 넣어 어우러질 때까지 끓인다.
12 소금과 설탕으로 간을 한다.

죽 담아 완성하기
13 흑임자죽의 그릇을 선택한다.
14 그릇에 보기 좋게 흑임자죽을 담는다.

 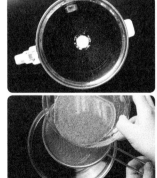 

학습 평가

평가자 체크리스트

학습내용	평가 항목	성취수준		
		상	중	하
죽 재료 준비	사용할 도구를 준비하는 능력			
	죽 재료를 준비하는 능력			
	죽 재료의 품질을 확인하는 능력			
조리시간과 방법	죽 맛에 영향을 미치는 것을 검토하는 능력			
죽의 종류에 따라 물의 양 조절	죽 재료를 손질하는 능력			
가열시간 조절	죽의 종류에 따라 가열하는 시간을 관리하는 능력			
그릇 선택과 죽 담기	조리종류와 색, 형태, 인원수, 분량 등을 고려하여 그릇을 선택하는 능력			
고명 올리기	조리 종류에 따라 고명을 올리는 능력			

포트폴리오

학습내용	평가 항목	성취수준		
		상	중	하
죽 재료 준비	죽 재료를 계량하는 능력			
	부재료를 세척하는 능력			
	죽 재료를 손질하는 능력			
조리시간과 방법	죽 재료를 세척하는 능력			
죽의 종류에 따라 물의 양 조절	죽 재료를 불리는 능력			
가열시간 조절	죽을 조리하고 완성하는 능력			
그릇 선택과 죽 담기	그릇의 크기와 종류에 따라 그릇을 관리하는 방법			
고명 올리기	조리의 종류별로 고명의 준비량을 판단하는 능력			

작업장 평가

학습내용	평가 항목	성취수준		
		상	중	하
죽 재료 준비	쌀과 잡곡을 필요량에 맞게 계량하는 능력			
	쌀과 잡곡을 씻고 용도에 맞게 불리는 능력			
	부재료를 조리 방법에 맞게 손질하는 능력			
조리시간과 방법	죽 재료를 계량하고 준비하는 능력			
죽의 종류에 따라 물의 양 조절	죽 종류별 가열 시 물 양을 확인하는 능력			
가열시간 조절	죽 조리 시 전분의 호화 및 익힘 정도를 체크하는 능력			
그릇 선택과 죽 담기	죽의 종류에 따라 인원수, 분량 등을 고려하여 알맞게 담는 능력			
고명 올리기	조리의 종류에 맞게 고명을 만드는 능력			

학습자 완성품 사진

아욱죽

재료

- 불린 쌀 1컵
- 아욱 100g
- 마른 새우 30g
- 된장 1큰술
- 물 2컵
- 다진 대파 2작은술
- 다진 마늘 1작은술
- 후춧가루 1/5작은술
- 참기름 1½큰술
- 소금 1/2작은술

만드는 법

재료 확인하기
1 쌀, 아욱, 건새우 등의 품질 확인하기
2 쌀, 건새우에 섞여 있는 이물질 확인하여 선별하기

사용할 도구 선택하기
3 냄비, 주걱, 블렌더 등을 선택하여 준비한다.

재료 계량하기
4 각각의 재료 분량을 컵과 계량스푼, 저울로 계량하기
5 물을 계량한다.

죽의 재료 세척하기
6 쌀은 맑은 물이 나올 때까지 세척한다.
7 마른 새우는 흐르는 물에 씻어 물기를 제거한다.

죽 재료 불리기
8 세척한 쌀은 실온에서 2시간 불린다.

재료 준비하기
9 불린 쌀은 방망이로 두들겨 반싸라기를 만든다.
10 아욱은 줄기의 껍질을 벗기고 잎이 큰 것은 2~3등분으로 썰어서 조물조물 주물러 깨끗이 씻어 놓는다.

조리하기
11 냄비에 물 4컵과 마른 새우를 넣어 육수를 만든다. 3컵이 되면 고운체에 걸러둔다.
12 끓는 소금물에 아욱을 데쳐 찬물에 헹군다. 살짝 짜서 물기를 제거한다.
13 냄비에 쌀과 참기름을 넣고 중불에서 볶다가 참기름이 잘 흡수되면 새우육수와 된장을 풀어 넣고 쌀이 퍼지도록 끓이고 데친 아욱, 파, 마늘, 후춧가루를 넣고 끓여 간을 맞춘다.

죽 담아 완성하기
14 아욱죽의 그릇을 선택한다.
15 그릇에 보기 좋게 아욱죽을 담는다.

학습 평가

| 평가자 체크리스트

학습내용	평가 항목	성취수준		
		상	중	하
죽 재료 준비	사용할 도구를 준비하는 능력			
	죽 재료를 준비하는 능력			
	죽 재료의 품질을 확인하는 능력			
조리시간과 방법	죽 맛에 영향을 미치는 것을 검토하는 능력			
죽의 종류에 따라 물의 양 조절	죽 재료를 손질하는 능력			
가열시간 조절	죽의 종류에 따라 가열하는 시간을 관리하는 능력			
그릇 선택과 죽 담기	조리종류와 색, 형태, 인원수, 분량 등을 고려하여 그릇을 선택하는 능력			
고명 올리기	조리 종류에 따라 고명을 올리는 능력			

| 포트폴리오

학습내용	평가 항목	성취수준		
		상	중	하
죽 재료 준비	죽 재료를 계량하는 능력			
	부재료를 세척하는 능력			
	죽 재료를 손질하는 능력			
조리시간과 방법	죽 재료를 세척하는 능력			
죽의 종류에 따라 물의 양 조절	죽 재료를 불리는 능력			
가열시간 조절	죽을 조리하고 완성하는 능력			
그릇 선택과 죽 담기	그릇의 크기와 종류에 따라 그릇을 관리하는 방법			
고명 올리기	조리의 종류별로 고명의 준비량을 판단하는 능력			

작업장 평가

학습내용	평가 항목	성취수준 상	성취수준 중	성취수준 하
죽 재료 준비	쌀과 잡곡을 필요량에 맞게 계량하는 능력			
	쌀과 잡곡을 씻고 용도에 맞게 불리는 능력			
	부재료를 조리 방법에 맞게 손질하는 능력			
조리시간과 방법	죽 재료를 계량하고 준비하는 능력			
죽의 종류에 따라 물의 양 조절	죽 종류별 가열 시 물 양을 확인하는 능력			
가열시간 조절	죽 조리 시 전분의 호화 및 익힘 정도를 체크하는 능력			
그릇 선택과 죽 담기	죽의 종류에 따라 인원수, 분량 등을 고려하여 알맞게 담는 능력			
고명 올리기	조리의 종류에 맞게 고명을 만드는 능력			

학습자 완성품 사진

김치죽

재료

- 배추김치 80g
- 불린 멥쌀 1/2컵
- 물 5컵
- 소금 약간
- 소고기 우둔 50g
- 참기름 1큰술
- 고춧가루 1/2작은술

고기양념

- 간장 1/2큰술
- 다진 대파 1/2작은술
- 다진 마늘 1/4작은술
- 깨소금 1/3작은술
- 후추 약간
- 참기름 1/2작은술

만드는 법

재료 확인하기

1 쌀, 배추김치, 소고기 등의 품질 확인하기

사용할 도구 선택하기

2 냄비, 주걱, 블렌더 등을 선택하여 준비한다.

재료 계량하기

3 각각의 재료 분량을 컵과 계량스푼, 저울로 계량하기
4 물을 계량한다.

죽의 재료 세척하기

5 쌀은 맑은 물이 나올 때까지 세척한다.

죽 재료 불리기

6 세척한 쌀은 실온에서 2시간 불린다.

조리하기

7 배추김치는 속을 털어내고 0.3cm×0.3cm로 곱게 썬다.
8 소고기는 3cm×0.3cm×0.3cm로 채를 곱게 썬다.

조리하기

9 소고기는 고기양념을 한다.
10 냄비에 참기름을 두르고 배추김치, 소고기를 넣어 볶는다. 쌀을 넣어 볶고 물을 넣어 끓인다.
11 쌀이 잘 퍼지면 소금으로 간을 한다.

죽 담아 완성하기

12 김치죽의 그릇을 선택한다.
13 그릇에 보기 좋게 김치죽을 담는다. 고춧가루를 고명으로 얹는다.

학습 평가

| 평가자 체크리스트

학습내용	평가 항목	성취수준		
		상	중	하
죽 재료 준비	사용할 도구를 준비하는 능력			
	죽 재료를 준비하는 능력			
	죽 재료의 품질을 확인하는 능력			
조리시간과 방법	죽 맛에 영향을 미치는 것을 검토하는 능력			
죽의 종류에 따라 물의 양 조절	죽 재료를 손질하는 능력			
가열시간 조절	죽의 종류에 따라 가열하는 시간을 관리하는 능력			
그릇 선택과 죽 담기	조리종류와 색, 형태, 인원수, 분량 등을 고려하여 그릇을 선택하는 능력			
고명 올리기	조리 종류에 따라 고명을 올리는 능력			

| 포트폴리오

학습내용	평가 항목	성취수준		
		상	중	하
죽 재료 준비	죽 재료를 계량하는 능력			
	부재료를 세척하는 능력			
	죽 재료를 손질하는 능력			
조리시간과 방법	죽 재료를 세척하는 능력			
죽의 종류에 따라 물의 양 조절	죽 재료를 불리는 능력			
가열시간 조절	죽을 조리하고 완성하는 능력			
그릇 선택과 죽 담기	그릇의 크기와 종류에 따라 그릇을 관리하는 방법			
고명 올리기	조리의 종류별로 고명의 준비량을 판단하는 능력			

작업장 평가

학습내용	평가 항목	성취수준		
		상	중	하
죽 재료 준비	쌀과 잡곡을 필요량에 맞게 계량하는 능력			
	쌀과 잡곡을 씻고 용도에 맞게 불리는 능력			
	부재료를 조리 방법에 맞게 손질하는 능력			
조리시간과 방법	죽 재료를 계량하고 준비하는 능력			
죽의 종류에 따라 물의 양 조절	죽 종류별 가열 시 물 양을 확인하는 능력			
가열시간 조절	죽 조리 시 전분의 호화 및 익힘 정도를 체크하는 능력			
그릇 선택과 죽 담기	죽의 종류에 따라 인원수, 분량 등을 고려하여 알맞게 담는 능력			
고명 올리기	조리의 종류에 맞게 고명을 만드는 능력			

학습자 완성품 사진

타락죽

재료

- 멥쌀 1/2컵
- 우유 3컵
- 물 4컵
- 소금 1/2작은술

만드는 법

재료 확인하기

1 쌀, 우유의 품질 확인하기

사용할 도구 선택하기

2 냄비, 주걱, 블렌더 등을 선택하여 준비한다.

재료 계량하기

3 각각의 재료 분량을 컵과 계량스푼, 저울로 계량하기
4 물을 계량한다.

죽의 재료 세척하기

5 쌀은 맑은 물이 나올 때까지 세척한다.

죽 재료 불리기

6 세척한 쌀은 실온에서 2시간 불린다.

조리하기

7 멥쌀은 물 2컵을 넣어 갈아서 고운체에 거른다.
8 냄비에 간 쌀과 물을 넣어 주걱으로 저으면서 끓인다.
9 흰죽이 어우러지면 우유를 조금씩 넣으면서 멍울이 지지 않게 끓인다.
10 소금으로 간을 한다.

죽 담아 완성하기

11 타락죽의 그릇을 선택한다.
12 그릇에 보기 좋게 타락죽을 담는다.

▌평가자 체크리스트

학습내용	평가 항목	성취수준		
		상	중	하
죽 재료 준비	사용할 도구를 준비하는 능력			
	죽 재료를 준비하는 능력			
	죽 재료의 품질을 확인하는 능력			
조리시간과 방법	죽 맛에 영향을 미치는 것을 검토하는 능력			
죽의 종류에 따라 물의 양 조절	죽 재료를 손질하는 능력			
가열시간 조절	죽의 종류에 따라 가열하는 시간을 관리하는 능력			
그릇 선택과 죽 담기	조리종류와 색, 형태, 인원수, 분량 등을 고려하여 그릇을 선택하는 능력			
고명 올리기	조리 종류에 따라 고명을 올리는 능력			

▌포트폴리오

학습내용	평가 항목	성취수준		
		상	중	하
죽 재료 준비	죽 재료를 계량하는 능력			
	부재료를 세척하는 능력			
	죽 재료를 손질하는 능력			
조리시간과 방법	죽 재료를 세척하는 능력			
죽의 종류에 따라 물의 양 조절	죽 재료를 불리는 능력			
가열시간 조절	죽을 조리하고 완성하는 능력			
그릇 선택과 죽 담기	그릇의 크기와 종류에 따라 그릇을 관리하는 방법			
고명 올리기	조리의 종류별로 고명의 준비량을 판단하는 능력			

작업장 평가

학습내용	평가 항목	성취수준		
		상	중	하
죽 재료 준비	쌀과 잡곡을 필요량에 맞게 계량하는 능력			
	쌀과 잡곡을 씻고 용도에 맞게 불리는 능력			
	부재료를 조리 방법에 맞게 손질하는 능력			
조리시간과 방법	죽 재료를 계량하고 준비하는 능력			
죽의 종류에 따라 물의 양 조절	죽 종류별 가열 시 물 양을 확인하는 능력			
가열시간 조절	죽 조리 시 전분의 호화 및 익힘 정도를 체크하는 능력			
그릇 선택과 죽 담기	죽의 종류에 따라 인원수, 분량 등을 고려하여 알맞게 담는 능력			
고명 올리기	조리의 종류에 맞게 고명을 만드는 능력			

학습자 완성품 사진

콩나물죽

재료

- 불린 쌀 1컵
- 콩나물 100g
- 소고기 우둔 50g
- 간장 1/2작은술
- 물 5컵

고기양념
- 국간장 1/2작은술
- 다진 대파 1/2작은술
- 다진 마늘 1/4작은술
- 깨소금 1/3작은술
- 후추 약간
- 참기름 1/2작은술

만드는 법

재료 확인하기
1 쌀, 콩나물, 소고기 등의 품질 확인하기

사용할 도구 선택하기
2 냄비, 주걱 등을 선택하여 준비한다.

재료 계량하기
3 각각의 재료 분량을 컵과 계량스푼, 저울로 계량하기
4 물을 계량한다.

죽의 재료 준비하기
5 쌀은 맑은 물이 나올 때까지 세척한다.
6 세척한 쌀은 실온에서 2시간 불린다.
7 콩나물은 꼬리를 떼고 3~4cm 길이로 잘라서 깨끗이 씻어 놓는다.
8 소고기는 3cm×0.2cm×0.2cm로 채 썰기한다.

조리하기
9 소고기는 고기양념으로 버무린다.
10 냄비에 고기를 넣고 볶다가 쌀을 넣어 볶고 물을 부어 죽을 끓인다.
11 쌀알이 잘 퍼지면 콩나물을 넣어 어우러지도록 죽을 끓인다.
12 간장으로 간을 맞추어 한소끔 끓인다.

죽 담아 완성하기
13 콩나물죽의 그릇을 선택한다.
14 그릇에 보기 좋게 콩나물죽을 담는다.

학습 평가

| 평가자 체크리스트

학습내용	평가 항목	성취수준		
		상	중	하
죽 재료 준비	사용할 도구를 준비하는 능력			
	죽 재료를 준비하는 능력			
	죽 재료의 품질을 확인하는 능력			
조리시간과 방법	죽 맛에 영향을 미치는 것을 검토하는 능력			
죽의 종류에 따라 물의 양 조절	죽 재료를 손질하는 능력			
가열시간 조절	죽의 종류에 따라 가열하는 시간을 관리하는 능력			
그릇 선택과 죽 담기	조리종류와 색, 형태, 인원수, 분량 등을 고려하여 그릇을 선택하는 능력			
고명 올리기	조리 종류에 따라 고명을 올리는 능력			

| 포트폴리오

학습내용	평가 항목	성취수준		
		상	중	하
죽 재료 준비	죽 재료를 계량하는 능력			
	부재료를 세척하는 능력			
	죽 재료를 손질하는 능력			
조리시간과 방법	죽 재료를 세척하는 능력			
죽의 종류에 따라 물의 양 조절	죽 재료를 불리는 능력			
가열시간 조절	죽을 조리하고 완성하는 능력			
그릇 선택과 죽 담기	그릇의 크기와 종류에 따라 그릇을 관리하는 방법			
고명 올리기	조리의 종류별로 고명의 준비량을 판단하는 능력			

작업장 평가

학습내용	평가 항목	성취수준		
		상	중	하
죽 재료 준비	쌀과 잡곡을 필요량에 맞게 계량하는 능력			
	쌀과 잡곡을 씻고 용도에 맞게 불리는 능력			
	부재료를 조리 방법에 맞게 손질하는 능력			
조리시간과 방법	죽 재료를 계량하고 준비하는 능력			
죽의 종류에 따라 물의 양 조절	죽 종류별 가열 시 물 양을 확인하는 능력			
가열시간 조절	죽 조리 시 전분의 호화 및 익힘 정도를 체크하는 능력			
그릇 선택과 죽 담기	죽의 종류에 따라 인원수, 분량 등을 고려하여 알맞게 담는 능력			
고명 올리기	조리의 종류에 맞게 고명을 만드는 능력			

학습자 완성품 사진

호박죽

재료

- 늙은 호박 130g
- 물 3컵
- 삶은 팥 1큰술
- 젖은 찹쌀가루 3큰술(방앗간용)
- 물 3큰술
- 설탕 1작은술
- 소금 1/3작은술

만드는 법

재료 확인하기

1 늙은 호박, 팥, 찹쌀가루 등의 품질 확인하기

사용할 도구 선택하기

2 냄비, 주걱 등을 선택하여 준비한다.

재료 계량하기

3 각각의 재료 분량을 컵과 계량스푼, 저울로 계량하기
4 물을 계량한다.

죽의 재료 준비하기

5 호박은 씻으면서 씨를 제거한다.
6 호박은 껍질부분이 없도록 완전히 벗겨서 얇게 썬다.
7 삶은 팥은 물에 헹궈둔다.

조리하기

8 얇게 썬 호박에 물 3컵을 붓고 무르도록 끓여서 체에 거른다.
9 찹쌀가루에 물 3큰술을 넣어 잘 풀어둔다.
10 삶아서 거른 호박을 냄비에 넣고 끓이다가 찹쌀가루 풀어 놓은 것
   을 넣어 끓인다. 팥을 넣어 한소끔 더 끓인다.
11 설탕, 소금으로 간을 한다.

죽 담아 완성하기

12 호박죽의 그릇을 선택한다.
13 그릇에 보기 좋게 호박죽을 담는다.

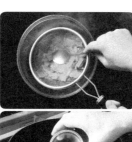

학습 평가

| 평가자 체크리스트

학습내용	평가 항목	성취수준		
		상	중	하
죽 재료 준비	사용할 도구를 준비하는 능력			
	죽 재료를 준비하는 능력			
	죽 재료의 품질을 확인하는 능력			
조리시간과 방법	죽 맛에 영향을 미치는 것을 검토하는 능력			
죽의 종류에 따라 물의 양 조절	죽 재료를 손질하는 능력			
가열시간 조절	죽의 종류에 따라 가열하는 시간을 관리하는 능력			
그릇 선택과 죽 담기	조리종류와 색, 형태, 인원수, 분량 등을 고려하여 그릇을 선택하는 능력			
고명 올리기	조리 종류에 따라 고명을 올리는 능력			

| 포트폴리오

학습내용	평가 항목	성취수준		
		상	중	하
죽 재료 준비	죽 재료를 계량하는 능력			
	부재료를 세척하는 능력			
	죽 재료를 손질하는 능력			
조리시간과 방법	죽 재료를 세척하는 능력			
죽의 종류에 따라 물의 양 조절	죽 재료를 불리는 능력			
가열시간 조절	죽을 조리하고 완성하는 능력			
그릇 선택과 죽 담기	그릇의 크기와 종류에 따라 그릇을 관리하는 방법			
고명 올리기	조리의 종류별로 고명의 준비량을 판단하는 능력			

작업장 평가

학습내용	평가 항목	성취수준		
		상	중	하
죽 재료 준비	쌀과 잡곡을 필요량에 맞게 계량하는 능력			
	쌀과 잡곡을 씻고 용도에 맞게 불리는 능력			
	부재료를 조리 방법에 맞게 손질하는 능력			
조리시간과 방법	죽 재료를 계량하고 준비하는 능력			
죽의 종류에 따라 물의 양 조절	죽 종류별 가열 시 물 양을 확인하는 능력			
가열시간 조절	죽 조리 시 전분의 호화 및 익힘 정도를 체크하는 능력			
그릇 선택과 죽 담기	죽의 종류에 따라 인원수, 분량 등을 고려하여 알맞게 담는 능력			
고명 올리기	조리의 종류에 맞게 고명을 만드는 능력			

학습자 완성품 사진

전복죽

재료

- 전복 1개(50g)
- 불린 멥쌀 1/2컵
- 참기름 1큰술
- 물 4컵
- 소금 1작은술

만드는 법

재료 확인하기

1 전복, 멥쌀 등의 품질 확인하기

사용할 도구 선택하기

2 냄비, 주걱 등을 선택하여 준비한다.

재료 계량하기

3 각각의 재료 분량을 컵과 계량스푼, 저울로 계량하기
4 물을 계량한다.

죽의 재료 준비하기

5 전복은 깨끗이 씻어 껍질과 내장을 제거한 후 솔로 해감을 말끔히 닦
  아낸다. 손질한 전복을 얇게 저며 썬다.
6 불린 쌀은 절구에 굵직하게 빻는다.

조리하기

7 냄비에 참기름을 넣어 전복과 멥쌀을 볶다가 물을 넣어 끓인다.
8 쌀알이 충분히 퍼지면 소금으로 간을 한다.

죽 담아 완성하기

9 전복죽의 그릇을 선택한다.
10 그릇에 보기 좋게 전복죽을 담는다.

학습
평가

| 평가자 체크리스트

학습내용	평가 항목	성취수준		
		상	중	하
죽 재료 준비	사용할 도구를 준비하는 능력			
	죽 재료를 준비하는 능력			
	죽 재료의 품질을 확인하는 능력			
조리시간과 방법	죽 맛에 영향을 미치는 것을 검토하는 능력			
죽의 종류에 따라 물의 양 조절	죽 재료를 손질하는 능력			
가열시간 조절	죽의 종류에 따라 가열하는 시간을 관리하는 능력			
그릇 선택과 죽 담기	조리종류와 색, 형태, 인원수, 분량 등을 고려하여 그릇을 선택하는 능력			
고명 올리기	조리 종류에 따라 고명을 올리는 능력			

| 포트폴리오

학습내용	평가 항목	성취수준		
		상	중	하
죽 재료 준비	죽 재료를 계량하는 능력			
	부재료를 세척하는 능력			
	죽 재료를 손질하는 능력			
조리시간과 방법	죽 재료를 세척하는 능력			
죽의 종류에 따라 물의 양 조절	죽 재료를 불리는 능력			
가열시간 조절	죽을 조리하고 완성하는 능력			
그릇 선택과 죽 담기	그릇의 크기와 종류에 따라 그릇을 관리하는 방법			
고명 올리기	조리의 종류별로 고명의 준비량을 판단하는 능력			

작업장 평가

학습내용	평가 항목	성취수준		
		상	중	하
죽 재료 준비	쌀과 잡곡을 필요량에 맞게 계량하는 능력			
	쌀과 잡곡을 씻고 용도에 맞게 불리는 능력			
	부재료를 조리 방법에 맞게 손질하는 능력			
조리시간과 방법	죽 재료를 계량하고 준비하는 능력			
죽의 종류에 따라 물의 양 조절	죽 종류별 가열 시 물 양을 확인하는 능력			
가열시간 조절	죽 조리 시 전분의 호화 및 익힘 정도를 체크하는 능력			
그릇 선택과 죽 담기	죽의 종류에 따라 인원수, 분량 등을 고려하여 알맞게 담는 능력			
고명 올리기	조리의 종류에 맞게 고명을 만드는 능력			

학습자 완성품 사진

홍합죽

재료

· 마른 홍합 1/4컵
· 김 10장
· 참기름 또는 들기름 5큰술
· 소금 적량

만드는 법

재료 확인하기

1 마른 홍합, 쌀 등의 품질 확인하기

사용할 도구 선택하기

2 냄비, 주걱 등을 선택하여 준비한다.

재료 계량하기

3 각각의 재료 분량을 컵과 계량스푼, 저울로 계량하기
4 물을 계량한다.

죽의 재료 준비하기

5 마른 홍합은 2시간 정도 불려 깨끗이 손질하고 4-5등분으로 잘게 썬다.
6 불린 쌀은 반 정도 되게 굵게 부숴 놓는다.

조리하기

7 바닥이 두꺼운 냄비에 손질한 홍합과 참기름을 넣고 볶다가 분량의 물을 넣고 푹 끓여 홍합국물이 잘 우러나도록 끓인다. 육수가 3컵이 되도록 한다.
8 홍합육수에 쌀을 넣어 끓인다.
9 쌀이 잘 퍼지기 시작하면 대파, 마늘을 넣고 간장으로 색을 내고 소금, 후추로 간을 맞추어 한소끔 끓여낸다.

죽 담아 완성하기

10 홍합죽의 그릇을 선택한다.
11 그릇에 보기 좋게 홍합죽을 담는다.

학습 평가

평가자 체크리스트

학습내용	평가 항목	성취수준		
		상	중	하
죽 재료 준비	사용할 도구를 준비하는 능력			
	죽 재료를 준비하는 능력			
	죽 재료의 품질을 확인하는 능력			
조리시간과 방법	죽 맛에 영향을 미치는 것을 검토하는 능력			
죽의 종류에 따라 물의 양 조절	죽 재료를 손질하는 능력			
가열시간 조절	죽의 종류에 따라 가열하는 시간을 관리하는 능력			
그릇 선택과 죽 담기	조리종류와 색, 형태, 인원수, 분량 등을 고려하여 그릇을 선택하는 능력			
고명 올리기	조리 종류에 따라 고명을 올리는 능력			

포트폴리오

학습내용	평가 항목	성취수준		
		상	중	하
죽 재료 준비	죽 재료를 계량하는 능력			
	부재료를 세척하는 능력			
	죽 재료를 손질하는 능력			
조리시간과 방법	죽 재료를 세척하는 능력			
죽의 종류에 따라 물의 양 조절	죽 재료를 불리는 능력			
가열시간 조절	죽을 조리하고 완성하는 능력			
그릇 선택과 죽 담기	그릇의 크기와 종류에 따라 그릇을 관리하는 방법			
고명 올리기	조리의 종류별로 고명의 준비량을 판단하는 능력			

작업장 평가

학습내용	평가 항목	성취수준		
		상	중	하
죽 재료 준비	쌀과 잡곡을 필요량에 맞게 계량하는 능력			
	쌀과 잡곡을 씻고 용도에 맞게 불리는 능력			
	부재료를 조리 방법에 맞게 손질하는 능력			
조리시간과 방법	죽 재료를 계량하고 준비하는 능력			
죽의 종류에 따라 물의 양 조절	죽 종류별 가열 시 물 양을 확인하는 능력			
가열시간 조절	죽 조리 시 전분의 호화 및 익힘 정도를 체크하는 능력			
그릇 선택과 죽 담기	죽의 종류에 따라 인원수, 분량 등을 고려하여 알맞게 담는 능력			
고명 올리기	조리의 종류에 맞게 고명을 만드는 능력			

학습자 완성품 사진

호두죽

재료

- 찹쌀 1/2컵
- 호두 50g
- 대추 25g
- 물 4컵
- 소금 1/5작은술
- 설탕 약간

만드는 법

재료 확인하기

1 찹쌀, 호두, 대추 등의 품질 확인하기

사용할 도구 선택하기

2 냄비, 주걱 등을 선택하여 준비한다.

재료 계량하기

3 각각의 재료 분량을 컵과 계량스푼, 저울로 계량하기
4 물을 계량한다.

죽의 재료 준비하기

5 찹쌀을 깨끗하게 씻어 불린 다음 물 1컵을 넣어 곱게 갈아 체에 거른다.
6 호두는 물을 끓여 한 김 나가면 10분 정도 담가 놓았다가 물을 버리고 껍질을 벗긴 다음 물 1/2컵을 넣어 곱게 갈에 체에 거른다.
7 대추는 흐르는 물에 씻는다.

조리하기

8 씻은 대추는 물 1/2컵을 넣고 무르게 푹 삶아 체에 거른다.
9 냄비에 찹쌀 거른 것과 물 2컵을 넣고 저으면서 끓이고, 호두 간 것과 대추 삶아 거른 것을 넣어 잘 어우러지게 저으면서 끓인다.
10 소금과 설탕으로 간을 한다.

죽 담아 완성하기

11 호두죽의 그릇을 선택한다.
12 그릇에 보기 좋게 호두죽을 담는다.

| 평가자 체크리스트

학습내용	평가 항목	성취수준		
		상	중	하
죽 재료 준비	사용할 도구를 준비하는 능력			
	죽 재료를 준비하는 능력			
	죽 재료의 품질을 확인하는 능력			
조리시간과 방법	죽 맛에 영향을 미치는 것을 검토하는 능력			
죽의 종류에 따라 물의 양 조절	죽 재료를 손질하는 능력			
가열시간 조절	죽의 종류에 따라 가열하는 시간을 관리하는 능력			
그릇 선택과 죽 담기	조리종류와 색, 형태, 인원수, 분량 등을 고려하여 그릇을 선택하는 능력			
고명 올리기	조리 종류에 따라 고명을 올리는 능력			

| 포트폴리오

학습내용	평가 항목	성취수준		
		상	중	하
죽 재료 준비	죽 재료를 계량하는 능력			
	부재료를 세척하는 능력			
	죽 재료를 손질하는 능력			
조리시간과 방법	죽 재료를 세척하는 능력			
죽의 종류에 따라 물의 양 조절	죽 재료를 불리는 능력			
가열시간 조절	죽을 조리하고 완성하는 능력			
그릇 선택과 죽 담기	그릇의 크기와 종류에 따라 그릇을 관리하는 방법			
고명 올리기	조리의 종류별로 고명의 준비량을 판단하는 능력			

작업장 평가

학습내용	평가 항목	성취수준		
		상	중	하
죽 재료 준비	쌀과 잡곡을 필요량에 맞게 계량하는 능력			
	쌀과 잡곡을 씻고 용도에 맞게 불리는 능력			
	부재료를 조리 방법에 맞게 손질하는 능력			
조리시간과 방법	죽 재료를 계량하고 준비하는 능력			
죽의 종류에 따라 물의 양 조절	죽 종류별 가열 시 물 양을 확인하는 능력			
가열시간 조절	죽 조리 시 전분의 호화 및 익힘 정도를 체크하는 능력			
그릇 선택과 죽 담기	죽의 종류에 따라 인원수, 분량 등을 고려하여 알맞게 담는 능력			
고명 올리기	조리의 종류에 맞게 고명을 만드는 능력			

학습자 완성품 사진

옥수수죽

재료

· 옥수수 1컵
· 불린 쌀 1/3컵
· 소금 1/2작은술
· 물 4컵
· 설탕 2큰술

만드는 법

재료 확인하기
1 옥수수, 쌀 등의 품질 확인하기

사용할 도구 선택하기
2 냄비, 주걱 등을 선택하여 준비한다.

재료 계량하기
3 각각의 재료 분량을 컵과 계량스푼, 저울로 계량하기
4 물을 계량한다.

죽의 재료 준비하기
5 2시간 정도 불린 쌀은 블렌더에 물 1컵과 함께 곱게 갈아 체에 거른다.
6 옥수수도 물 2컵과 함께 곱게 갈아 체에 거른다.

조리하기
7 냄비에 남은 분량의 물과 옥수수물을 함께 넣고 끓이다가 갈아 놓은
  쌀을 넣어 함께 끓인다.
8 죽이 잘 끓으면 소금, 설탕으로 간을 한다.

죽 담아 완성하기
9 옥수수죽의 그릇을 선택한다.
10 그릇에 보기 좋게 옥수수죽을 담는다.

학습 평가

| 평가자 체크리스트

학습내용	평가 항목	성취수준		
		상	중	하
죽 재료 준비	사용할 도구를 준비하는 능력			
	죽 재료를 준비하는 능력			
	죽 재료의 품질을 확인하는 능력			
조리시간과 방법	죽 맛에 영향을 미치는 것을 검토하는 능력			
죽의 종류에 따라 물의 양 조절	죽 재료를 손질하는 능력			
가열시간 조절	죽의 종류에 따라 가열하는 시간을 관리하는 능력			
그릇 선택과 죽 담기	조리종류와 색, 형태, 인원수, 분량 등을 고려하여 그릇을 선택하는 능력			
고명 올리기	조리 종류에 따라 고명을 올리는 능력			

| 포트폴리오

학습내용	평가 항목	성취수준		
		상	중	하
죽 재료 준비	죽 재료를 계량하는 능력			
	부재료를 세척하는 능력			
	죽 재료를 손질하는 능력			
조리시간과 방법	죽 재료를 세척하는 능력			
죽의 종류에 따라 물의 양 조절	죽 재료를 불리는 능력			
가열시간 조절	죽을 조리하고 완성하는 능력			
그릇 선택과 죽 담기	그릇의 크기와 종류에 따라 그릇을 관리하는 방법			
고명 올리기	조리의 종류별로 고명의 준비량을 판단하는 능력			

작업장 평가

학습내용	평가 항목	성취수준		
		상	중	하
죽 재료 준비	쌀과 잡곡을 필요량에 맞게 계량하는 능력			
	쌀과 잡곡을 씻고 용도에 맞게 불리는 능력			
	부재료를 조리 방법에 맞게 손질하는 능력			
조리시간과 방법	죽 재료를 계량하고 준비하는 능력			
죽의 종류에 따라 물의 양 조절	죽 종류별 가열 시 물 양을 확인하는 능력			
가열시간 조절	죽 조리 시 전분의 호화 및 익힘 정도를 체크하는 능력			
그릇 선택과 죽 담기	죽의 종류에 따라 인원수, 분량 등을 고려하여 알맞게 담는 능력			
고명 올리기	조리의 종류에 맞게 고명을 만드는 능력			

학습자 완성품 사진

호박범벅

재료

- 늙은 호박(껍질 벗겨서) 200g
- 설탕 2큰술
- 물 4컵
- 소금 1/3작은술
- 콩(풋콩 등) 3큰술
- 팥 3큰술
- 손질 고구마 70g
- 밤 3개
- 찹쌀가루 1/2컵(50g)
- 찹쌀가루 반죽용 물 1/2컵

만드는 법

재료 확인하기

1 늙은 호박, 콩, 고구마, 밤 등의 품질 확인하기

사용할 도구 선택하기

2 냄비, 주걱 등을 선택하여 준비한다.

재료 계량하기

3 각각의 재료 분량을 컵과 계량스푼, 저울로 계량하기
4 물을 계량한다.

죽의 재료 준비하기

5 호박은 껍질을 벗겨 얇게 썬다.
6 팥은 씻어 일어 물을 넉넉히 붓고 한소끔 끓으면 첫물을 버리고, 다시 물을 부어 푹 삶는다.
7 고구마는 1cm×1cm 크기로 썬다.
8 밤은 껍질을 벗겨 6등분으로 썬다.
9 찹쌀가루에 물을 넣어 잘 섞어둔다.

조리하기

10 냄비에 호박, 물을 넣어 무르게 끓인다. 콩, 고구마, 밤을 넣어 함께 끓인다.
11 재료가 익으면 찹쌀가루물을 넣어 나무주걱으로 저으면서 끓인다.
12 소금으로 간을 한다.

죽 담아 완성하기

13 범벅의 그릇을 선택한다.
14 그릇에 보기 좋게 범벅을 담는다.

평가자 체크리스트

학습내용	평가 항목	성취수준		
		상	중	하
죽 재료 준비	사용할 도구를 준비하는 능력			
	죽 재료를 준비하는 능력			
	죽 재료의 품질을 확인하는 능력			
조리시간과 방법	죽 맛에 영향을 미치는 것을 검토하는 능력			
죽의 종류에 따라 물의 양 조절	죽 재료를 손질하는 능력			
가열시간 조절	죽의 종류에 따라 가열하는 시간을 관리하는 능력			
그릇 선택과 죽 담기	조리종류와 색, 형태, 인원수, 분량 등을 고려하여 그릇을 선택하는 능력			
고명 올리기	조리 종류에 따라 고명을 올리는 능력			

포트폴리오

학습내용	평가 항목	성취수준		
		상	중	하
죽 재료 준비	죽 재료를 계량하는 능력			
	부재료를 세척하는 능력			
	죽 재료를 손질하는 능력			
조리시간과 방법	죽 재료를 세척하는 능력			
죽의 종류에 따라 물의 양 조절	죽 재료를 불리는 능력			
가열시간 조절	죽을 조리하고 완성하는 능력			
그릇 선택과 죽 담기	그릇의 크기와 종류에 따라 그릇을 관리하는 방법			
고명 올리기	조리의 종류별로 고명의 준비량을 판단하는 능력			

작업장 평가

학습내용	평가 항목	성취수준		
		상	중	하
죽 재료 준비	쌀과 잡곡을 필요량에 맞게 계량하는 능력			
	쌀과 잡곡을 씻고 용도에 맞게 불리는 능력			
	부재료를 조리 방법에 맞게 손질하는 능력			
조리시간과 방법	죽 재료를 계량하고 준비하는 능력			
죽의 종류에 따라 물의 양 조절	죽 종류별 가열 시 물 양을 확인하는 능력			
가열시간 조절	죽 조리 시 전분의 호화 및 익힘 정도를 체크하는 능력			
그릇 선택과 죽 담기	죽의 종류에 따라 인원수, 분량 등을 고려하여 알맞게 담는 능력			
고명 올리기	조리의 종류에 맞게 고명을 만드는 능력			

학습자 완성품 사진

대추죽

재료

- 마른 대추 50g
- 찹쌀 30g
- 소금 약간

만드는 법

재료 확인하기

1 마른 대추, 찹쌀, 소금을 확인하기

사용할 도구 선택하기

2 코팅냄비, 도마, 칼, 주걱, 자루체 등 준비하기

재료 계량하기

3 각각의 재료분량을 컵과 저울 등으로 계량하기

재료 준비하기

4 찹쌀은 깨끗하게 씻어 불리고 물 1컵을 넣어 곱게 갈고 체에 거른다.
5 대추 1개는 돌려깎아서 대추꽃을 만든다.
6 대추는 씻어서 물 2컵을 넣고 끓인다. 대추가 물러지면 주걱으로 으깨고 체에 내린다.

조리하기

7 코팅된 냄비에 체에 거른 찹쌀물을 넣어 저으면서 끓인다.
8 대추물을 넣어 고루 섞어 끓이고 소금으로 간을 한다.
* 대추물을 펄펄 끓이다가 갈아 놓은 찹쌀물을 넣으면서 끓여도 된다.

담아 완성하기

9 대추죽 담을 그릇을 선택한다.
10 그릇에 대추죽을 담고 대추꽃을 고명으로 한다.

▌평가자 체크리스트

학습내용	평가 항목	성취수준		
		상	중	하
죽 재료 준비	사용할 도구를 준비하는 능력			
	죽 재료를 준비하는 능력			
	죽 재료의 품질을 확인하는 능력			
조리시간과 방법	죽 맛에 영향을 미치는 것을 검토하는 능력			
죽의 종류에 따라 물의 양 조절	죽 재료를 손질하는 능력			
가열시간 조절	죽의 종류에 따라 가열하는 시간을 관리하는 능력			
그릇 선택과 죽 담기	조리종류와 색, 형태, 인원수, 분량 등을 고려하여 그릇을 선택하는 능력			
고명 올리기	조리 종류에 따라 고명을 올리는 능력			

▌포트폴리오

학습내용	평가 항목	성취수준		
		상	중	하
죽 재료 준비	죽 재료를 계량하는 능력			
	부재료를 세척하는 능력			
	죽 재료를 손질하는 능력			
조리시간과 방법	죽 재료를 세척하는 능력			
죽의 종류에 따라 물의 양 조절	죽 재료를 불리는 능력			
가열시간 조절	죽을 조리하고 완성하는 능력			
그릇 선택과 죽 담기	그릇의 크기와 종류에 따라 그릇을 관리하는 방법			
고명 올리기	조리의 종류별로 고명의 준비량을 판단하는 능력			

작업장 평가

학습내용	평가 항목	성취수준		
		상	중	하
죽 재료 준비	쌀과 잡곡을 필요량에 맞게 계량하는 능력			
	쌀과 잡곡을 씻고 용도에 맞게 불리는 능력			
	부재료를 조리 방법에 맞게 손질하는 능력			
조리시간과 방법	죽 재료를 계량하고 준비하는 능력			
죽의 종류에 따라 물의 양 조절	죽 종류별 가열 시 물 양을 확인하는 능력			
가열시간 조절	죽 조리 시 전분의 호화 및 익힘 정도를 체크하는 능력			
그릇 선택과 죽 담기	죽의 종류에 따라 인원수, 분량 등을 고려하여 알맞게 담는 능력			
고명 올리기	조리의 종류에 맞게 고명을 만드는 능력			

학습자 완성품 사진

바지락매생이죽

- 바지락살 40g
- 매생이 15g
- 멥쌀 35g
- 소금 약간
- 참기름 2작은술
- 참깨 1작은술
- 물 4컵

재료 확인하기
1 바지락살, 매생이, 멥쌀, 소금, 참기름, 참깨를 확인하기

사용할 도구 선택하기
2 냄비, 주걱, 믹싱볼, 숟가락 등 준비하기

재료 계량하기
3 각각의 재료분량을 컵과 저울 등으로 계량하기

재료 준비하기
4 멥쌀은 깨끗하게 씻어 물에 담가 30분 정도 불린다.
5 매생이는 깨끗하게 씻어 이물질을 제거하고 물기를 뺀다.

조리하기
6 냄비에 참기름을 두르고 불린 쌀을 볶고 물을 부어 끓인다.
7 쌀알이 퍼지면 바지락살과 매생이를 넣어 한소끔 더 끓인다.
8 죽에 농도를 확인하고 소금으로 간을 한다.

담아 완성하기
9 바지락매생이죽 담을 그릇을 선택한다.
10 그릇에 바지락매생이죽을 담고 그 위에 참깨를 고명으로 한다.

학습 평가

| 평가자 체크리스트

학습내용	평가 항목	성취수준		
		상	중	하
죽 재료 준비	사용할 도구를 준비하는 능력			
	죽 재료를 준비하는 능력			
	죽 재료의 품질을 확인하는 능력			
조리시간과 방법	죽 맛에 영향을 미치는 것을 검토하는 능력			
죽의 종류에 따라 물의 양 조절	죽 재료를 손질하는 능력			
가열시간 조절	죽의 종류에 따라 가열하는 시간을 관리하는 능력			
그릇 선택과 죽 담기	조리종류와 색, 형태, 인원수, 분량 등을 고려하여 그릇을 선택하는 능력			
고명 올리기	조리 종류에 따라 고명을 올리는 능력			

| 포트폴리오

학습내용	평가 항목	성취수준		
		상	중	하
죽 재료 준비	죽 재료를 계량하는 능력			
	부재료를 세척하는 능력			
	죽 재료를 손질하는 능력			
조리시간과 방법	죽 재료를 세척하는 능력			
죽의 종류에 따라 물의 양 조절	죽 재료를 불리는 능력			
가열시간 조절	죽을 조리하고 완성하는 능력			
그릇 선택과 죽 담기	그릇의 크기와 종류에 따라 그릇을 관리하는 방법			
고명 올리기	조리의 종류별로 고명의 준비량을 판단하는 능력			

작업장 평가

학습내용	평가 항목	성취수준		
		상	중	하
죽 재료 준비	쌀과 잡곡을 필요량에 맞게 계량하는 능력			
	쌀과 잡곡을 씻고 용도에 맞게 불리는 능력			
	부재료를 조리 방법에 맞게 손질하는 능력			
조리시간과 방법	죽 재료를 계량하고 준비하는 능력			
죽의 종류에 따라 물의 양 조절	죽 종류별 가열 시 물 양을 확인하는 능력			
가열시간 조절	죽 조리 시 전분의 호화 및 익힘 정도를 체크하는 능력			
그릇 선택과 죽 담기	죽의 종류에 따라 인원수, 분량 등을 고려하여 알맞게 담는 능력			
고명 올리기	조리의 종류에 맞게 고명을 만드는 능력			

학습자 완성품 사진

새우죽

- 새우살 50g
- 양파 20g
- 감자 20g
- 당근 10g
- 부추 15g
- 멥쌀 35g
- 참기름 1큰술
- 참깨 1작은술
- 소금 약간

재료 확인하기

1 새우살, 양파, 감자, 당근, 부추, 멥쌀, 참기름, 참깨, 소금을 확인하기

사용할 도구 선택하기

2 냄비, 도마, 칼, 주걱 등 준비하기

재료 계량하기

3 각각의 재료분량을 컵과 저울 등으로 계량하기

재료 준비하기

4 멥쌀은 깨끗하게 씻어 물에 담가 30분 정도 불린다.

5 새우살은 흐르는 물에 씻어 굵게 다진다.

6 양파, 감자, 당근, 부추는 0.5cm x 1.5cm 크기로 썬다.

조리하기

7 냄비에 참기름을 두르고 불린 쌀을 볶는다.

8 쌀알이 퍼지면 감자, 당근, 양파, 새우를 넣어 끓인다.

9 맛이 어우러지면 부추, 참깨를 넣어 한소끔 끓여 소금간을 하고 불을 끈다.

담아 완성하기

10 새우죽 담을 그릇을 선택한다.

11 그릇에 새우죽을 보기 좋게 담는다.

| 평가자 체크리스트

학습내용	평가 항목	성취수준		
		상	중	하
죽 재료 준비	사용할 도구를 준비하는 능력			
	죽 재료를 준비하는 능력			
	죽 재료의 품질을 확인하는 능력			
조리시간과 방법	죽 맛에 영향을 미치는 것을 검토하는 능력			
죽의 종류에 따라 물의 양 조절	죽 재료를 손질하는 능력			
가열시간 조절	죽의 종류에 따라 가열하는 시간을 관리하는 능력			
그릇 선택과 죽 담기	조리종류와 색, 형태, 인원수, 분량 등을 고려하여 그릇을 선택하는 능력			
고명 올리기	조리 종류에 따라 고명을 올리는 능력			

| 포트폴리오

학습내용	평가 항목	성취수준		
		상	중	하
죽 재료 준비	죽 재료를 계량하는 능력			
	부재료를 세척하는 능력			
	죽 재료를 손질하는 능력			
조리시간과 방법	죽 재료를 세척하는 능력			
죽의 종류에 따라 물의 양 조절	죽 재료를 불리는 능력			
가열시간 조절	죽을 조리하고 완성하는 능력			
그릇 선택과 죽 담기	그릇의 크기와 종류에 따라 그릇을 관리하는 방법			
고명 올리기	조리의 종류별로 고명의 준비량을 판단하는 능력			

작업장 평가

학습내용	평가 항목	성취수준		
		상	중	하
죽 재료 준비	쌀과 잡곡을 필요량에 맞게 계량하는 능력			
	쌀과 잡곡을 씻고 용도에 맞게 불리는 능력			
	부재료를 조리 방법에 맞게 손질하는 능력			
조리시간과 방법	죽 재료를 계량하고 준비하는 능력			
죽의 종류에 따라 물의 양 조절	죽 종류별 가열 시 물 양을 확인하는 능력			
가열시간 조절	죽 조리 시 전분의 호화 및 익힘 정도를 체크하는 능력			
그릇 선택과 죽 담기	죽의 종류에 따라 인원수, 분량 등을 고려하여 알맞게 담는 능력			
고명 올리기	조리의 종류에 맞게 고명을 만드는 능력			

학습자 완성품 사진

수험자 유의사항

1) 만드는 순서에 유의하며, 위생과 숙련된 기능평가를 위하여 조리작업 시 맛을 보지 않습니다.

2) 지정된 수험자 지참준비물 이외의 조리기구나 재료를 시험장 내에 지참할 수 없습니다.

3) 지급재료는 시험 전 확인하여 이상이 있을 경우 시험위원으로부터 조치를 받고 시험 중에는 재료의 교환 및 추가지급은 하지 않습니다.

4) 요구사항 및 지급재료의 규격은 "정도"의 의미를 포함하며, 재료의 크기에 따라 가감하여 채점됩니다.

5) 위생복, 위생모, 앞치마, 마스크를 착용하여야 하며, 시험장비 · 조리기구 취급 등 안전에 유의합니다.

6) 다음 사항은 실격에 해당하여 채점 대상에서 제외됩니다.

   가) 수험자 본인이 시험 도중 시험에 대한 포기 의사를 표현하는 경우

   나) 위생복, 위생모, 앞치마, 마스크를 착용하지 않은 경우

   다) 시험시간 내에 과제 두 가지를 제출하지 못한 경우

   라) 문제의 요구사항대로 과제의 수량이 만들어지지 않은 경우

   마) 구이를 조림 등으로 조리하여 완성품을 요구사항과 다르게 만든 경우

   바) 불을 사용하여 만든 조리작품이 작품특성에 벗어나는 정도로 타거나 익지 않은 경우

   사) 해당 과제의 지급재료 이외 재료를 사용하거나 석쇠 등 요구사항의 조리기구를 사용하지 않은 경우

   아) 지정된 수험자 지참준비물 이외의 조리기구를 조리에 사용한 경우

   자) 가스레인지 화구 2개 이상(2개 포함) 사용한 경우

   차) 시험 중 시설 · 장비(칼, 가스레인지 등) 사용 시 시험위원 및 타 수험자의 시험 진행에 위해를 일으킬 것으로 시험위원 전원이 합의하여 판단한 경우

   카) 요구사항에 표시된 실격 및 부정행위에 해당하는 경우

7) 항목별 배점은 위생상태 및 안전관리 5점, 조리기술 30점, 작품의 평가 15점입니다.

8) 시험시작 전 가벼운 몸 풀기(스트레칭) 동작으로 긴장을 풀고 시험을 시작합니다.

한식조리기능사
실기 품목

🍲 요구사항

※ 주어진 재료를 사용하여 다음과 같이 장국죽을 만드시오.

가. 불린 쌀을 반 정도로 싸라기를 만들어 죽을 쑤시오.

나. 소고기는 다지고 불린 표고는 3cm의 길이로 채 써시오.

장국죽

재료

- 쌀(30분 정도 물에 불린 쌀) 100g
- 소고기(살코기) 20g
- 건표고버섯(지름 5cm, 물에 불린 것, 부서지지 않은 것) 1개
- 대파(흰부분, 4cm) 1토막
- 마늘(중, 깐 것) 1쪽
- 진간장 10ml
- 깨소금 5g
- 검은후춧가루 1g
- 참기름 10ml
- 국간장 10ml

만드는 법

재료 확인하기
1 쌀의 품질 확인하기
2 쌀에 섞여 있는 이물질 확인하여 선별하기
3 소고기, 건표고버섯, 대파, 마늘 등의 품질 확인하기

사용할 도구 선택하기
4 냄비, 나무주걱 등을 선택하여 준비한다.

재료 계량하기
5 각각의 재료 분량을 컵과 계량스푼, 저울로 계량하기

죽의 재료 세척하기
6 쌀은 맑은 물이 나올 때까지 세척한다.

죽 재료 불리기
7 세척한 쌀은 실온에서 2시간 불린다.
8 건표고버섯을 미지근한 물에 불린다.

재료 준비하기
9 대파, 마늘은 곱게 다진다.
10 불린 쌀은 반 정도로 싸라기를 만든다.
11 소고기는 곱게 다진다.
12 표고버섯은 3cm×0.3cm×0.3cm로 채를 썬다.

조리하기
13 곱게 다진 소고기, 채 썬 표고버섯은 간장, 대파, 마늘, 깨소금, 후춧가루, 참기름으로 양념을 한다.
14 팬에 참기름을 두르고 소고기, 표고버섯을 볶고, 불린 쌀을 넣어 볶는다. 쌀알이 투명하게 볶아지면 물을 넣어 끓인다.
15 국간장으로 간을 한다.

죽 담아 완성하기
16 장국죽의 그릇을 선택한다.
17 그릇에 보기 좋게 장국죽을 담는다.

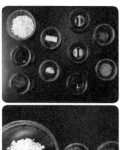

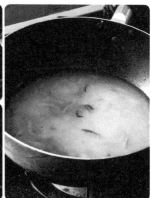

학습
평가

평가자 체크리스트

학습내용	평가 항목	성취수준		
		상	중	하
죽 재료 준비	사용할 도구를 준비하는 능력			
	죽 재료를 준비하는 능력			
	죽 재료의 품질을 확인하는 능력			
조리시간과 방법	죽 맛에 영향을 미치는 것을 검토하는 능력			
죽의 종류에 따라 물의 양 조절	죽 재료를 손질하는 능력			
가열시간 조절	죽의 종류에 따라 가열하는 시간을 관리하는 능력			
그릇 선택과 죽 담기	조리종류와 색, 형태, 인원수, 분량 등을 고려하여 그릇을 선택하는 능력			
고명 올리기	조리 종류에 따라 고명을 올리는 능력			

포트폴리오

학습내용	평가 항목	성취수준		
		상	중	하
죽 재료 준비	죽 재료를 계량하는 능력			
	부재료를 세척하는 능력			
	죽 재료를 손질하는 능력			
조리시간과 방법	죽 재료를 세척하는 능력			
죽의 종류에 따라 물의 양 조절	죽 재료를 불리는 능력			
가열시간 조절	죽을 조리하고 완성하는 능력			
그릇 선택과 죽 담기	그릇의 크기와 종류에 따라 그릇을 관리하는 방법			
고명 올리기	조리의 종류별로 고명의 준비량을 판단하는 능력			

작업장 평가

학습내용	평가 항목	성취수준		
		상	중	하
죽 재료 준비	쌀과 잡곡을 필요량에 맞게 계량하는 능력			
	쌀과 잡곡을 씻고 용도에 맞게 불리는 능력			
	부재료를 조리 방법에 맞게 손질하는 능력			
조리시간과 방법	죽 재료를 계량하고 준비하는 능력			
죽의 종류에 따라 물의 양 조절	죽 종류별 가열 시 물 양을 확인하는 능력			
가열시간 조절	죽 조리 시 전분의 호화 및 익힘 정도를 체크하는 능력			
그릇 선택과 죽 담기	죽의 종류에 따라 인원수, 분량 등을 고려하여 알맞게 담는 능력			
고명 올리기	조리의 종류에 맞게 고명을 만드는 능력			

학습자 완성품 사진

일일 개인위생 점검표(입실준비)

점검 항목	착용 및 실시 여부	점검결과		
		양호	보통	미흡
조리모				
두발의 형태에 따른 손질(머리망 등)				
조리복 상의				
조리복 바지				
앞치마				
스카프				
안전화				
손톱의 길이 및 매니큐어 여부				
반지, 시계, 팔찌 등				
짙은 화장				
향수				
손 씻기				
상처유무 및 적절한 조치				
흰색 행주 지참				
사이드 타월				
개인용 조리도구				

점검일 : 년 월 일 이름 :

일일 위생 점검표(퇴실준비)

점검 항목	착용 및 실시 여부	점검결과		
		양호	보통	미흡
그릇, 기물 세척 및 정리정돈				
기계, 도구, 장비 세척 및 정리정돈				
작업대 청소 및 물기 제거				
가스레인지 또는 인덕션 청소				
양념통 정리				
남은 재료 정리정돈				
음식 쓰레기 처리				
개수대 청소				
수도 주변 및 세제 관리				
바닥 청소				
청소도구 정리정돈				
전기 및 Gas 체크				

점검일 : 년 월 일 이름 :

일일 개인위생 점검표(입실준비)

점검일 :　년　월　일　　이름 :

점검 항목	착용 및 실시 여부	점검결과		
		양호	보통	미흡
조리모				
두발의 형태에 따른 손질(머리망 등)				
조리복 상의				
조리복 바지				
앞치마				
스카프				
안전화				
손톱의 길이 및 매니큐어 여부				
반지, 시계, 팔찌 등				
짙은 화장				
향수				
손 씻기				
상처유무 및 적절한 조치				
흰색 행주 지참				
사이드 타월				
개인용 조리도구				

일일 위생 점검표(퇴실준비)

점검일 :　년　월　일　　이름 :

점검 항목	착용 및 실시 여부	점검결과		
		양호	보통	미흡
그릇, 기물 세척 및 정리정돈				
기계, 도구, 장비 세척 및 정리정돈				
작업대 청소 및 물기 제거				
가스레인지 또는 인덕션 청소				
양념통 정리				
남은 재료 정리정돈				
음식 쓰레기 처리				
개수대 청소				
수도 주변 및 세제 관리				
바닥 청소				
청소도구 정리정돈				
전기 및 Gas 체크				

일일 개인위생 점검표(입실준비)

점검일 :   년   월   일   이름 :

점검 항목	착용 및 실시 여부	점검결과		
		양호	보통	미흡
조리모				
두발의 형태에 따른 손질(머리망 등)				
조리복 상의				
조리복 바지				
앞치마				
스카프				
안전화				
손톱의 길이 및 매니큐어 여부				
반지, 시계, 팔찌 등				
짙은 화장				
향수				
손 씻기				
상처유무 및 적절한 조치				
흰색 행주 지참				
사이드 타월				
개인용 조리도구				

일일 위생 점검표(퇴실준비)

점검일 :   년   월   일   이름 :

점검 항목	착용 및 실시 여부	점검결과		
		양호	보통	미흡
그릇, 기물 세척 및 정리정돈				
기계, 도구, 장비 세척 및 정리정돈				
작업대 청소 및 물기 제거				
가스레인지 또는 인덕션 청소				
양념통 정리				
남은 재료 정리정돈				
음식 쓰레기 처리				
개수대 청소				
수도 주변 및 세제 관리				
바닥 청소				
청소도구 정리정돈				
전기 및 Gas 체크				

일일 개인위생 점검표(입실준비)

점검일 :　　년　월　일　　이름 :

점검 항목	착용 및 실시 여부	점검결과		
		양호	보통	미흡
조리모				
두발의 형태에 따른 손질(머리망 등)				
조리복 상의				
조리복 바지				
앞치마				
스카프				
안전화				
손톱의 길이 및 매니큐어 여부				
반지, 시계, 팔찌 등				
짙은 화장				
향수				
손 씻기				
상처유무 및 적절한 조치				
흰색 행주 지참				
사이드 타월				
개인용 조리도구				

일일 위생 점검표(퇴실준비)

점검일 :　　년　월　일　　이름 :

점검 항목	착용 및 실시 여부	점검결과		
		양호	보통	미흡
그릇, 기물 세척 및 정리정돈				
기계, 도구, 장비 세척 및 정리정돈				
작업대 청소 및 물기 제거				
가스레인지 또는 인덕션 청소				
양념통 정리				
남은 재료 정리정돈				
음식 쓰레기 처리				
개수대 청소				
수도 주변 및 세제 관리				
바닥 청소				
청소도구 정리정돈				
전기 및 Gas 체크				

▎일일 개인위생 점검표(입실준비)

점검 항목	착용 및 실시 여부	점검결과		
점검일 : 년 월 일 이름 :		양호	보통	미흡
조리모				
두발의 형태에 따른 손질(머리망 등)				
조리복 상의				
조리복 바지				
앞치마				
스카프				
안전화				
손톱의 길이 및 매니큐어 여부				
반지, 시계, 팔찌 등				
짙은 화장				
향수				
손 씻기				
상처유무 및 적절한 조치				
흰색 행주 지참				
사이드 타월				
개인용 조리도구				

▎일일 위생 점검표(퇴실준비)

점검 항목	착용 및 실시 여부	점검결과		
점검일 : 년 월 일 이름 :		양호	보통	미흡
그릇, 기물 세척 및 정리정돈				
기계, 도구, 장비 세척 및 정리정돈				
작업대 청소 및 물기 제거				
가스레인지 또는 인덕션 청소				
양념통 정리				
남은 재료 정리정돈				
음식 쓰레기 처리				
개수대 청소				
수도 주변 및 세제 관리				
바닥 청소				
청소도구 정리정돈				
전기 및 Gas 체크				

일일 개인위생 점검표(입실준비)

점검일 :   년   월   일   이름 :

점검 항목	착용 및 실시 여부	점검결과		
		양호	보통	미흡
조리모				
두발의 형태에 따른 손질(머리망 등)				
조리복 상의				
조리복 바지				
앞치마				
스카프				
안전화				
손톱의 길이 및 매니큐어 여부				
반지, 시계, 팔찌 등				
짙은 화장				
향수				
손 씻기				
상처유무 및 적절한 조치				
흰색 행주 지참				
사이드 타월				
개인용 조리도구				

일일 위생 점검표(퇴실준비)

점검일 :   년   월   일   이름 :

점검 항목	착용 및 실시 여부	점검결과		
		양호	보통	미흡
그릇, 기물 세척 및 정리정돈				
기계, 도구, 장비 세척 및 정리정돈				
작업대 청소 및 물기 제거				
가스레인지 또는 인덕션 청소				
양념통 정리				
남은 재료 정리정돈				
음식 쓰레기 처리				
개수대 청소				
수도 주변 및 세제 관리				
바닥 청소				
청소도구 정리정돈				
전기 및 Gas 체크				

일일 개인위생 점검표(입실준비)

점검일 :   년   월   일   이름 :

점검 항목	착용 및 실시 여부	점검결과		
		양호	보통	미흡
조리모				
두발의 형태에 따른 손질(머리망 등)				
조리복 상의				
조리복 바지				
앞치마				
스카프				
안전화				
손톱의 길이 및 매니큐어 여부				
반지, 시계, 팔찌 등				
짙은 화장				
향수				
손 씻기				
상처유무 및 적절한 조치				
흰색 행주 지참				
사이드 타월				
개인용 조리도구				

일일 위생 점검표(퇴실준비)

점검일 :   년   월   일   이름 :

점검 항목	착용 및 실시 여부	점검결과		
		양호	보통	미흡
그릇, 기물 세척 및 정리정돈				
기계, 도구, 장비 세척 및 정리정돈				
작업대 청소 및 물기 제거				
가스레인지 또는 인덕션 청소				
양념통 정리				
남은 재료 정리정돈				
음식 쓰레기 처리				
개수대 청소				
수도 주변 및 세제 관리				
바닥 청소				
청소도구 정리정돈				
전기 및 Gas 체크				

▌일일 개인위생 점검표(입실준비)

점검일 :   년   월   일   이름 :

점검 항목	착용 및 실시 여부	점검결과		
		양호	보통	미흡
조리모				
두발의 형태에 따른 손질(머리망 등)				
조리복 상의				
조리복 바지				
앞치마				
스카프				
안전화				
손톱의 길이 및 매니큐어 여부				
반지, 시계, 팔찌 등				
짙은 화장				
향수				
손 씻기				
상처유무 및 적절한 조치				
흰색 행주 지참				
사이드 타월				
개인용 조리도구				

▌일일 위생 점검표(퇴실준비)

점검일 :   년   월   일   이름 :

점검 항목	착용 및 실시 여부	점검결과		
		양호	보통	미흡
그릇, 기물 세척 및 정리정돈				
기계, 도구, 장비 세척 및 정리정돈				
작업대 청소 및 물기 제거				
가스레인지 또는 인덕션 청소				
양념통 정리				
남은 재료 정리정돈				
음식 쓰레기 처리				
개수대 청소				
수도 주변 및 세제 관리				
바닥 청소				
청소도구 정리정돈				
전기 및 Gas 체크				

| 일일 개인위생 점검표(입실준비)

점검일 : 년 월 일 이름 :

점검 항목	착용 및 실시 여부	점검결과		
		양호	보통	미흡
조리모				
두발의 형태에 따른 손질(머리망 등)				
조리복 상의				
조리복 바지				
앞치마				
스카프				
안전화				
손톱의 길이 및 매니큐어 여부				
반지, 시계, 팔찌 등				
짙은 화장				
향수				
손 씻기				
상처유무 및 적절한 조치				
흰색 행주 지참				
사이드 타월				
개인용 조리도구				

| 일일 위생 점검표(퇴실준비)

점검일 : 년 월 일 이름 :

점검 항목	착용 및 실시 여부	점검결과		
		양호	보통	미흡
그릇, 기물 세척 및 정리정돈				
기계, 도구, 장비 세척 및 정리정돈				
작업대 청소 및 물기 제거				
가스레인지 또는 인덕션 청소				
양념통 정리				
남은 재료 정리정돈				
음식 쓰레기 처리				
개수대 청소				
수도 주변 및 세제 관리				
바닥 청소				
청소도구 정리정돈				
전기 및 Gas 체크				

▍일일 개인위생 점검표(입실준비)

점검일 :　년　월　일　　이름 :

점검 항목	착용 및 실시 여부	점검결과		
		양호	보통	미흡
조리모				
두발의 형태에 따른 손질(머리망 등)				
조리복 상의				
조리복 바지				
앞치마				
스카프				
안전화				
손톱의 길이 및 매니큐어 여부				
반지, 시계, 팔찌 등				
짙은 화장				
향수				
손 씻기				
상처유무 및 적절한 조치				
흰색 행주 지참				
사이드 타월				
개인용 조리도구				

▍일일 위생 점검표(퇴실준비)

점검일 :　년　월　일　　이름 :

점검 항목	착용 및 실시 여부	점검결과		
		양호	보통	미흡
그릇, 기물 세척 및 정리정돈				
기계, 도구, 장비 세척 및 정리정돈				
작업대 청소 및 물기 제거				
가스레인지 또는 인덕션 청소				
양념통 정리				
남은 재료 정리정돈				
음식 쓰레기 처리				
개수대 청소				
수도 주변 및 세제 관리				
바닥 청소				
청소도구 정리정돈				
전기 및 Gas 체그				

일일 개인위생 점검표(입실준비)

점검 항목	착용 및 실시 여부	점검결과		
		양호	보통	미흡
조리모				
두발의 형태에 따른 손질(머리망 등)				
조리복 상의				
조리복 바지				
앞치마				
스카프				
안전화				
손톱의 길이 및 매니큐어 여부				
반지, 시계, 팔찌 등				
짙은 화장				
향수				
손 씻기				
상처유무 및 적절한 조치				
흰색 행주 지참				
사이드 타월				
개인용 조리도구				

일일 위생 점검표(퇴실준비)

점검일 : 년 월 일   이름 :

점검 항목	착용 및 실시 여부	점검결과		
		양호	보통	미흡
그릇, 기물 세척 및 정리정돈				
기계, 도구, 장비 세척 및 정리정돈				
작업대 청소 및 물기 제거				
가스레인지 또는 인덕션 청소				
양념통 정리				
남은 재료 정리정돈				
음식 쓰레기 처리				
개수대 청소				
수도 주변 및 세제 관리				
바닥 청소				
청소도구 정리정돈				
전기 및 Gas 체크				

일일 개인위생 점검표(입실준비)

점검일 :   년   월   일   이름 :

점검 항목	착용 및 실시 여부	점검결과		
		양호	보통	미흡
조리모				
두발의 형태에 따른 손질(머리망 등)				
조리복 상의				
조리복 바지				
앞치마				
스카프				
안전화				
손톱의 길이 및 매니큐어 여부				
반지, 시계, 팔찌 등				
짙은 화장				
향수				
손 씻기				
상처유무 및 적절한 조치				
흰색 행주 지참				
사이드 타월				
개인용 조리도구				

일일 위생 점검표(퇴실준비)

점검일 :   년   월   일   이름 :

점검 항목	착용 및 실시 여부	점검결과		
		양호	보통	미흡
그릇, 기물 세척 및 정리정돈				
기계, 도구, 장비 세척 및 정리정돈				
작업대 청소 및 물기 제거				
가스레인지 또는 인덕션 청소				
양념통 정리				
남은 재료 정리정돈				
음식 쓰레기 처리				
개수대 청소				
수도 주변 및 세제 관리				
바닥 청소				
청소도구 정리정돈				
전기 및 Gas 제크				

일일 개인위생 점검표(입실준비)

점검일 : 년 월 일 이름 :				
점검 항목	착용 및 실시 여부	점검결과		
		양호	보통	미흡
조리모				
두발의 형태에 따른 손질(머리망 등)				
조리복 상의				
조리복 바지				
앞치마				
스카프				
안전화				
손톱의 길이 및 매니큐어 여부				
반지, 시계, 팔찌 등				
짙은 화장				
향수				
손 씻기				
상처유무 및 적절한 조치				
흰색 행주 지참				
사이드 타월				
개인용 조리도구				

일일 위생 점검표(퇴실준비)

점검일 : 년 월 일 이름 :				
점검 항목	착용 및 실시 여부	점검결과		
		양호	보통	미흡
그릇, 기물 세척 및 정리정돈				
기계, 도구, 장비 세척 및 정리정돈				
작업대 청소 및 물기 제거				
가스레인지 또는 인덕션 청소				
양념통 정리				
남은 재료 정리정돈				
음식 쓰레기 처리				
개수대 청소				
수도 주변 및 세제 관리				
바닥 청소				
청소도구 정리정돈				
전기 및 Gas 체크				

일일 개인위생 점검표(입실준비)

점검일 :　　년　　월　　일　　이름 :

점검 항목	착용 및 실시 여부	점검결과		
		양호	보통	미흡
조리모				
두발의 형태에 따른 손질(머리망 등)				
조리복 상의				
조리복 바지				
앞치마				
스카프				
안전화				
손톱의 길이 및 매니큐어 여부				
반지, 시계, 팔찌 등				
짙은 화장				
향수				
손 씻기				
상처유무 및 적절한 조치				
흰색 행주 지참				
사이드 타월				
개인용 조리도구				

일일 위생 점검표(퇴실준비)

점검일 :　　년　　월　　일　　이름 :

점검 항목	착용 및 실시 여부	점검결과		
		양호	보통	미흡
그릇, 기물 세척 및 정리정돈				
기계, 도구, 장비 세척 및 정리정돈				
작업대 청소 및 물기 제거				
가스레인지 또는 인덕션 청소				
양념통 정리				
남은 재료 정리정돈				
음식 쓰레기 처리				
개수대 청소				
수도 주변 및 세제 관리				
바닥 청소				
청소도구 정리정돈				
전기 및 Gas 체크				

저자 소개

한혜영

현) 충북도립대학교 조리제빵과 교수
　　어린이급식관리지원센터 센터장
· 세종대학교 조리외식경영학전공 조리학 박사
· 숙명여자대학교 전통식생활문화전공 석사
· 조리기능장
· Le Cordon bleu (France, Australia) 연수
· The Culinary Institute of America 연수
· Cursos de cocina espanola en sevilla (Spain) 연수
· Italian Culinary Institute For Foreigner 연수
· 롯데호텔 서울
· 인터컨티넨탈 호텔 서울
· 떡제조기능사, 조리산업기사, 조리기능장 출제위원 및 심사위원
· 한국외식산업학회 이사
· 농림축산식품부장관상, 식약처장상, 해양수산부장관상,
　산림청장상
· 대전지방식품의약품안전청장상, 충북도지사상
· KBS 비타민, 위기탈출넘버원
· 한혜영 교수의 재미있고 맛있는 음식이야기 CJB 라디오
　청주방송
· SBS 모닝와이드
· MBC 생방송오늘아침 등
· 파리, 대만, 홍콩, 알제리, 카타르, 싱가포르, 상해, 터키, 리옹,
　라스베이거스, 요르단, 쿠웨이트, 터키, 말레이시아, 미국, 오만,
　에콰도르, 파나마, 카타르, 몽골, 체코, 브라질, 네덜란드, 호주,
　일본 등 대사관 초청 한국음식 강의 및 홍보행사
· 순창, 임실, 옥천, 밀양, 화천, 봉화, 진천, 태백, 경주, 서산, 충주,
　양양, 웅진, 성주, 이천 등 메뉴개발 및 강의

저서
· 한혜영의 한국음식, 효일출판사, 2013
· NCS 자격검정을 위한 한식조리 12권, 백산출판사, 2016
· NCS 자격검정을 위한 한식기초조리실무, 백산출판사, 2017
· NCS 자격검정을 위한 알기쉬운 한식조리, 백산출판사, 2017
· NCS 한식조리실무, 백산출판사, 2017
· 조리사가 꼭 알아야 할 단체급식, 백산출판사, 2018
· 양식조리 NCS학습모듈 공동 집필 8권, 한국직업능력개발원,
　2018
· 동남아요리, 백산출판사, 2019
· 떡제조기능사, 비앤씨월드, 2020
· 푸드스타일링 실습, 충북도립대학교, 2020

성기협

현) 대림대학교 호텔조리과 교수
· 서울, 경기지역 조리 실기시험(일식, 복어) 감독위원
· 커피조리사 자격검정위원
· 세종대학교 호텔경영학과 졸업
· 세종대학교 조리외식경영학과 석·박사 졸업(조리학 박사)
· 신안산대학교, 김포대학교, 충청대학교, 신흥대학교,
　경민대학교, 국제요리학교, 세종대학교, 한경대학교,
　수원과학대학교 외래교수
· 전국일본요리경연대회 최우수상 수상
· 알래스카요리경연대회 본선 입상
· 홍콩국제요리대회 Black Box부문 은메달 수상
· 서울국제요리대회 단체전 및 개인전 금메달, 은메달, 동메달 수상
· 일본 동경 게이오프라자호텔 연수
· 서울프라자호텔 조리팀 근무

안정화

현) 부천대학교 호텔조리학과 겸임교수
　　호원대학교 식품외식조리학과 겸임교수
전) 청운대학교 전통조리과 외래교수
· 세종대학교 외식경영학과 석사
· 조리기능장
· The Culinary Institute of America 연수
· Cursos de Cocina Espanola en Sevilla (Spain) 연수
· 중국양생협회 약선요리 연수
· 한식조리산업기사, 양식조리산업기사, 맛평가사
· 더록스레스토랑 총괄조리장
· KWCA KCC 심사위원
· 세계음식문화원 상임이사
· 해양수산부장관상
· 사찰요리 대상(서울시장상)
· 쌀요리대회 대상
· SBS생방송투데이(조선시대 면요리)
· KBS약선요리
· YTN 뇌의 건강한 요리

저서
· 한식조리기능사(효일출판사)
· 양식조리기능사(백산출판사)

임재창

· 우송정보대학교 조리부사관과 겸임교수
· 마스터쉐프한국협회 상임이사
· 한국음식조리문화협회 상임이사
· 조리기능장 감독위원
· 국민안전처 식품안전위원

저자와의
합의하에
인지첩부
생략

한식조리 죽

2022년 3월 5일 초판 1쇄 인쇄
2022년 3월 10일 초판 1쇄 발행

지은이 한혜영·성기협·안정화·임재창
펴낸이 진욱상
펴낸곳 (주)백산출판사
교   정 박시내
본문디자인 신화정
표지디자인 오정은

등   록 2017년 5월 29일 제406-2017-000058호
주   소 경기도 파주시 회동길 370(백산빌딩 3층)
전   화 02-914-1621(代)
팩   스 031-955-9911
이메일 edit@ibaeksan.kr
홈페이지 www.ibaeksan.kr

ISBN 979-11-6567-473-1 93590
값 13,000원